Salvatore Matteo Giacomuzzi

EINSTEIN IN INNSBRUCK

Über die wegweisenden Dialoge zur modernen Quantenmechanik von 1924

Michael Wagner Verlag

Gedruckt mit freundlicher Unterstützung durch die
Abteilung Kultur des Amtes der Tiroler Landesregierung.

Erlerstraße 10, A-6020 Innsbruck
E-Mail: mail@uvw.at
Internet: www.michael-wagner-verlag.at

Projektleitung: Michael Wagner Verlag / Elisabeth Waldhart
Buchgestaltung, Satz und Umschlaggestaltung: Michael Wagner Verlag / Karin Berner
Umschlagfoto: Albert Einstein am Innsbrucker Hauptbahnhof, September 1924
(orphan works, Courtesy of Institute for Advanced Study). Colorierung durch
Iris Haberer.

Gedruckt auf umweltfreundlichem, chlor- und säurefrei gebleichtem Papier.

Bibliografische Information der Deutschen Nationalbibliothek
Die Deutsche Nationalbibliothek verzeichnet diese Publikation in der
Deutschen Nationalbibliografie; detaillierte bibliografische Daten sind
im Internet über <http://dnb.dnb.de> abrufbar.

ISBN 978-3-7107-6811-8

INHALTSVERZEICHNIS

VORWORT DES AUTORS[1]

Die Entstehung dieses Büchleins verdankt seinen Ursprung der Lektüre der publizierten Privatkorrespondenzen von Wolfgang Pauli, woraufhin viele Monate unzähliger Diskussionen unter Freunden folgten und verschiedene Ansätze zur Publikation gefunden und wieder verworfen wurden. Schlussendlich entstand die Idee, die getane Arbeit in dem hier vorliegenden Band zusammenzufassen.

Das Büchlein soll aufzeigen, dass die Landeshauptstadt von Tirol schon vor 100 Jahren Schauplatz eines naturwissenschaftlichen Großereignisses war, zu dem sich sogar Albert Einstein und viele andere berühmte Naturwissenschaftler dieser Zeit in Innsbruck ein Stelldichein gaben. Innsbruck wurde zum internationalen Treffpunkt der Physikgrößen jener Zeit. Die historische Rekonstruktion zeigt auf, dass das damalige Innsbrucker Treffen eine nachhaltige Wirkung auf die weitere Entwicklung der heutigen Quantenmechanik hatte und schließlich sogar zu zwei österreichischen Nobelpreisen führte. Es lässt sich nun anhand verschiedener Dokumente nachzeichnen, dass insbesondere bei der in Inns-

1 Aus Gründen der besseren Lesbarkeit wird im Folgenden auf die gleichzeitige Verwendung weiblicher und männlicher Sprachformen verzichtet und das generische Maskulinum verwendet. Sämtliche Personenbezeichnungen gelten jedoch gleichermaßen für beide Geschlechter.

bruck im Herbst 1924 stattgefundenen 88. Versammlung Deutscher Naturforscher und Ärzte wichtige Vorgespräche und Erörterungen zwischen Albert Einstein, Erwin Schrödinger und Wolfgang Pauli zur Entwicklung der Quantenmechanik geführt wurden.

Um diese kurze Reise in die naturwissenschaftliche Vergangenheit für den Laien angenehmer und nachvollziehbarer zu gestalten, wurden die wichtigsten Entwicklungen im Vor- und Nachfeld dieser Tagung mit Albert Einstein in leicht verständlicher Form, ohne Formeln, erörtert. Wann immer es sich als passend erwies, wurde Bezug zur damaligen Situation der Naturwissenschaften in Tirol genommen.

Seit dem berühmten Doppelspaltversuch des Engländers Thomas Young aus dem Jahre 1802 rätselte man, ob denn Licht nun eine Welle oder ein Teilchen ist. Dieser Versuch gehört wohl zu den berühmtesten der Wissenschaftsgeschichte und wird damit zu Recht auch als Jahrtausendversuch bezeichnet. Aus neuen Experimenten scheint sich heute die Annahme zu festigen, dass Welle- und Teilchencharakter gleichzeitig existierende Eigenschaften der Atome zu sein scheinen, welche sich je nach Reinheit der sie aussendenden Quelle in der einen oder in der anderen Art manifestieren können.

Aus derartigen Grundfragen heraus entwickelte sich die heutige Quantenphysik. Wahrscheinlich gehört die Quantentheorie, welche sich aus der klassischen Atomtheorie heraus entwickelte, zu einer der größten Geistesleistungen des 20. Jahrhunderts. Aus ihr entstand ab 1925 die heute bekannte Quantenmechanik bzw. Quantenphysik.

Die gewaltigen Implikationen der Quantenmechanik werden allerdings erst in unserem Jahrhundert langsam ersichtlich. Bis vor wenigen Jahren wusste noch kaum jemand etwas mit den Begriffen Quanten, Quantenteleportation oder Qubit[2] anzufangen. Dieses Wissen blieb bis zum 21. Jahrhundert eigentlich nur Spezialisten vorenthalten, welche sich in ihrer kleinen Welt ausspannen.

So meinte der österreichische Quantenphysiker Anton Zeilinger, ehemaliger Professor am Institut für Experimentalphysik (1990–1999) an der Universität Innsbruck, geradezu paradigmatisch: *„Man muss seiner Intuition und seinen Spinnereien ein bisschen vertrauen."* Umso erfreulicher war aus österreichischer und Innsbrucker Sicht, dass Anton Zeilinger mit seinen *Spinnereien* 2022 den Nobelpreis für Physik erhielt.

Zudem gewannen im Herbst 2023 wieder drei Forscher den Nobelpreis für Physik auf dem Gebiet der Quantenmechanik. Insbesondere die mit diesem Preis gewürdigte Attophysik ermöglicht es, dass die Vorgänge in der Quantenmechanik sozusagen nun „live" beobachtbar wurden, denn als zu klein und zu schnell galten Elektronen bisher und entzogen sich einer direkten Betrachtung. Neben Anne L'Huillier und Pierre Agostini gewann der ungarisch-österreichische Ferenc Krausz den Nobelpreis für Physik für seine Beiträge auf dem Gebiet der Attosekundenphysik, also der Physik der kleinsten Zeiten (Atto = das Milliardstel einer Milliardstelsekunde, d. h. 0,000.000.000.000.000.001 Sekunden). Damit öffnete sich nun erstmals, seit der Entwicklung

2 Das Qubit oder Quantenbit ist die kleinste Informationseinheit eines Quantencomputers. Im Gegensatz zu einem herkömmlichen Bit existiert es wirklich z. B. als Photon und kann mehrere Zustände gleichzeitig annehmen.

der Quantenmechanik, die Tür in diese bisher nur theoretisch-mathematisch beobachtbare Welt der kleinsten Bausteine der Natur. Hierdurch wird die Quantenmechanik sozusagen „live“ zugänglich.[3]

Zusätzlich wurde im Jahr 2023 ebenso der Nobelpreis für Chemie auf dem Gebiet der Quantenmechanik an die Forscher Moungi G. Bawendi, Louis E. Brus und Alexey I. Ekimov für die Entdeckung und Synthese von Quantenpunkten[4] vergeben.

Heute schon bauen rund 30 % des gegenwärtigen weltweiten Bruttosozialprodukts auf der Quantenmechanik und ihren Ansätzen auf – Tendenz stark steigend. Moderne Handys, Mikrochips, Computer, Laser, Mikrowellen, Computer- und Magnet-Tomographien, Internet, Quantencomputer und viele andere Dinge beruhen alle auf den Effekten der Quantenmechanik.

Es ist eine Fehlannahme zu glauben, dass Einstein die Quantentheorie etwa nicht verstanden hätte. Im Gegenteil. Er hielt sie für die bedeutendste Theorie seiner Zeit. Gerade in seinen frühen Arbeiten lieferte Albert Einstein bedeutende Beiträge zur frühen Quantentheorie. Albert Einstein verbrachte bis zu seinem letzten Tage mehr Zeit mit Fragen zur Quantentheorie als mit seiner berühmten Relativitätstheorie.

3 Dank der neuen Attophysik kann man die Elektronen in bestimmten Materialien sehr schnell steuern und etwa zukünftige elektronische Geräte viel schneller machen als bisher. Ebenso könnte man die Startphase von chemischen Reaktionen kontrollieren. Auch wären Blutproben besser untersuchbar und minimale Änderungen könnten in der (Früh-)Diagnostik festgestellt werden.

4 Quantenpunkte sind halbleitende Nanokristalle, die einen Durchmesser von zwei bis zehn Nanometern haben (ein Nanometer entspricht einem Milliardstel eines Meters). Diese Nanopartikel werden etwa in LED-Fernsehbildschirmen und in der medizinischen Bildgebung verwendet. Dort können sie etwa Ärzte bei der Entfernung von Tumoren leiten.

Die spätere Entwicklung der Atombombe wird fälschlicherweise oft Albert Einstein zugeschrieben. Albert Einstein war selbst nie am Bau der Atombombe beteiligt. Im Gegenteil. Albert Einstein war Pazifist. Zwar ist seine berühmte Formel $E = mc^2$ (keine Angst, es bleibt die einzige Formel in diesem Büchlein) wichtig für die Kernphysik, doch hat sie genau so viel mit der Entwicklung der Atombombe zu tun, wie der Einstein-Biograph Abraham Pais einmal meinte, wie etwa das Alphabet für die Entstehung der Bibel verantwortlich ist. Durch seinen im Jahre 1939, gemeinsam mit dem immer ängstlichen Physiker Leo Szilárd, verfassten Brief an den Präsidenten Roosevelt trug Einstein aber dazu bei, dass die USA das Wettrennen um den Atombombenbau aufnahmen. Noch vor seinem Tod 1955 bezeichnete Einstein seinen Brief als den großen Fehler seines Lebens.

Im sog. Manhattan-Projekt leitete J. Robert Oppenheimer ab 1942, unter militärischer Leitung, die Entwicklung der Atombombe. Die Korrespondenzen aus der Zeit rund um die Innsbrucker Tagung geben uns aber die besondere Gelegenheit, auch etwas Licht auf den *jungen* J. Robert Oppenheimer zu werfen.

Wie man in der Biografie von Max Born[5] (1954 deutscher Nobelpreisträger für grundlegende Beiträge zur Quantenmechanik und Doktorvater in Göttingen von J. Robert Oppenheimer) nachlesen kann, kannte dieser die Einstellung vieler seiner Generation zur Bombe. Sie missfiel ihm. Viele Physiker, die im Manhattan-Projekt arbeiteten, waren seine früheren Schüler und Assisten-

5 Was lange nur Physikstudenten wussten, ist, dass Olivia Newton-John (die bekannte Schauspielerin und Sängerin aus Grease) die Enkelin von Max Born war.

ten: Robert Oppenheimer, Victor Weisskopf, Enrico Fermi, Edward Teller, Eugene Wigner, Klaus Fuchs und die spätere Nobelpreisträgerin Maria Göppert-Mayer. So schrieb Born an Göppert-Mayer einmal: „... *ob Oppenheimer oder irgendjemand von den anderen auch nur einen Augenblick nachgedacht haben, bevor sie mit dieser Uranium Arbeit begonnen haben.*“ Born fragte sich, ob sie überhaupt an der Bombe mitgearbeitet hätten, wenn er die Verantwortung der Physiker gegenüber der Gesellschaft stärker betont hätte.

Die verwendete Literatur ist im Anhang angeführt. Manche Quellen verweisen wieder auf andere Quellen bzw. ist deren Ursprung mitunter nicht immer eindeutig nachzuvollziehen. Insofern stellt das Literaturverzeichnis keine vollkommene Auflistung aller in Betracht kommenden Werke dar, aber soll auf jeden Fall ein Anreiz sein, sich mit dem einen oder anderen Thema näher zu beschäftigen.[6]

Da ein Buch immer mehrere Mütter und Väter hat, soll hier folgenden gedankt werden: Herrn Mag. Dr. Gerhard Holzmüller, Herrn Mag. Dr. Rainer Mayr, Herrn DDr. Lukas Morscher, Herrn Mag. Markus Ertl, Frau Tanja Kowal, Frau Romana Raidl, Frau Iris Haberer, Social Engineer Thomas Steidl, Bernhard Plazza und Spino.

Innsbruck, im Oktober 2023

Prof. Priv.-Doz. DDr. S. M. Giacomuzzi

6 Wo es Sinn machte, wurden alte Schreibweisen der damaligen Briefkorrespondenzen, zur besseren Lesbarkeit, an die heutige Schriftform angepasst.

VORWORT

Die aktuelle Grundlagendiskussion über Historie und Geschichtswissenschaft zeigt heute deutlich, dass die wissenschaftlichen Formen des menschlichen Denkens nicht ohne Bezug auf lebensweltliche Zusammenhänge zwischen Denken und Handeln verstanden werden können. Die Geschichtsschreibung ist nicht nur von wissenschaftlichen, sondern auch von praktischen Interessen abhängig, die aus ihrem gesellschaftlichen Kontext resultieren.

Für die Geschichtsforschung stehen das Verstehen von Ereignissen, Zusammenhängen, Persönlichkeiten, Intentionen und Handlungen im Vordergrund, aber auch Strukturen und Prozesse als Bedingungen, Voraussetzungen und Folgen von Ereignissen, Entscheidungen und Handlungen. Dabei spielen die Logik des historischen Denkens, die Verwissenschaftlichung als Rationalisierung, aber auch Narrative eine entscheidende Rolle.

Die vorliegende kleine Studie ist in den größeren Rahmen der Landes- bzw. Stadtgeschichte und in einem konkreteren Sinne in die Wissenschaftsgeschichte einzuordnen. Es geht dabei um die Vorträge, Diskussionen und Gespräche auf der 88. Versammlung Deutscher Naturforscher und Ärzte im Jahre 1924 in Innsbruck und um wichtige Vorgespräche und Debatten zwischen Albert Einstein, Erwin Schrödinger und Wolfgang Pauli.

Der Autor der Studie leistet mit diesem Bericht und seiner Darstellung der Diskussionen einen wichtigen Beitrag zur historischen Bedeutung der Herausbildung und Entwicklung der modernen Quantenmechanik und damit auch zu einer lokalen Geschichte der Naturwissenschaften bzw. der Quantenphysik in Österreich sowie darüber hinaus für die Wissenschaftsgeschichte im Allgemeinen. Die vorliegende Studie eröffnet auch interessante Erkenntnisse zu naturwissenschaftlichen Weltbildern und zum Dialog zwischen Natur- und Geisteswissenschaften.

Innsbruck, im Juni 2023
Univ.-Prof. Dr. h. c. H. Reinalter
(Leiter des privaten Forschungsinstituts für Ideengeschichte)

KAPITEL I.

Vom Rosinenkuchenmodell zur modernen Quantenmechanik

Seit jeher bewegte die Menschen die Frage, woraus unsere Materie nun eigentlich besteht. Bis heute ist dies eine der fundamentalsten Fragen der Wissenschaft. Die Beforschung der Materie hat daher lange Tradition und ist noch immer nicht abgeschlossen. Im Gegenteil!

Der Nachweis der Existenz des Atoms war sicherlich die bedeutendste Entdeckung des 20. Jahrhunderts. Die darauf aufbauende Entwicklung der quantenmechanischen Theorie ist die wohl größte physikalische Geistesleistung dieser Zeit.

Man hat den deutschen Physiker Werner Heisenberg, einen der bedeutendsten Physiker des 20. Jahrhunderts, einmal gefragt, was man sich unter einem Elektron vorstellen soll. Seine Antwort war knapp, aber eindeutig: *„Am besten gar nichts!“*

Hans-Peter Dürr, Nachfolger von Werner Heisenberg als geschäftsführender Direktor des Max-Planck-Instituts für Physik und Astrophysik, meinte sogar, dass Materie eine *Illusion* sei. Eigentlich gebe es Materie gar nicht. Atome waren für Dürr, der sich zeit seines Lebens mit der Erforschung der Materie beschäftigte, sogenannte *Passierchen*. In den Atomen *passiere etwas,* was man noch nicht verstehe. Sie seien keinesfalls als etwas *Totes* anzusehen. Doch nun der Reihe nach.

Diese Aussagen kennzeichnen in klarer Weise, dass uns in der Welt des Allerkleinsten die Begriffe für eine geeignete Vorstellung der tatsächlichen Verhältnisse verloren gehen. Um einen besseren Zugang zum eigentlichen Thema zu schaffen, findet sich nachfolgend ein kurzer Überblick über die Entwicklung der Atomtheorie.

KAPITEL II.

Ein Teilchenbild tut not

Um sich mit den Atomen beschäftigen zu können, muss man zuerst einmal eine geistige Vorstellung dieses Phänomens entwickeln. Man muss sich sozusagen ein *Bild* davon machen. Von diesem *Bild* ausgehend müssen dann Vorhersagen getroffen werden können, die überprüfbar sind. Damit beschäftigen sich heute vor allem die Theoretische Physik und die Experimentalphysik. Beide Disziplinen arbeiten eng zusammen. Keine kann ohne die andere sein. Sie befruchten sich gegenseitig. Auf diese Weise kommt es zu einem Wechselspiel zwischen Vorhersagen im Rahmen theoretischer Modelle und deren experimenteller Überprüfung anhand von Experimenten. Manchmal kann es auch umgekehrt passieren. So liefern manchmal Experimente eigenartige Ergebnisse, welche in der Theorie noch gar nicht vorhanden sind. Dann müssen die Theorien abgeändert, ergänzt und manchmal auch aufgegeben werden.

Bereits die alten Griechen machten sich Gedanken über Atome. Als ein erster Einstieg lohnt sich daher die Betrachtung eines berühmt gewordenen Philosophen der Antike.

Demokrit, einer der größten Philosophen der griechischen Antike, ging im vierten vorchristlichen Jahrhundert auf zahlreiche Bildungsreisen, die ihn von Ägypten über Babylon und Persien bis nach Indien führten. Er selbst nahm sich dabei heraus von sich zu behaupten, dass er von allen lebenden Menschen einer der gebildetsten und darüber hinaus derjenige sei, der die meisten Reisen gemacht hat. Auf seinen zahlreichen Reisen verbrauchte er sein gesamtes Erbe, das er von seinem Vater bekommen hatte. Für den großen Denker Demokrit waren die vier Grundelemente nur Schein. Er meinte, die Materie wäre aus kleinen unteilbaren Teilchen, den *Atomen,* aufgebaut. Demokrit stellte sich die Atome als geometrische Formen wie Kugeln oder Pyramiden vor. Atome waren für Demokrit nur quantitativ, also nach deren Gestalt und Lage unterscheidbar.

Plato und Aristoteles entwarfen schließlich Abwandlungen dieser Hypothesen. Aristoteles vertrat, im Gegensatz zu Demokrit, die Vorstellung, dass die Materie aus *Feuer, Wasser, Luft* und *Erde* bestünde. Jeder Stoff müsse, so seine Annahme, aus einer Zusammensetzung dieser Grundelemente bestehen.

Nach diesen ersten Gedankenspielen passierte lange Zeit nichts Wesentliches mehr in der Geschichte des Atoms.

Erst der englische Chemiker John Dalton sollte der Nächste sein, der sich 1808 wieder ernsthaft darüber Gedanken machte. Dalton entwickelte eine *Atomhypothese*. In seinem Buch *A New System Of Chemical Philosophy* ging er davon aus, dass jedes Element aus kleinsten und nicht weiter zerlegbaren Teilchen (den *Atomen*) besteht. Er meinte, alle Atome eines Elements hätten das gleiche Volumen und die gleiche Masse, Atome anderer Elemente würden sich aber in Volumen und Masse voneinander unterscheiden. Bei Verbindungen zwischen verschiedenen Elementen würden sich Atome zu *Molekülen* verbinden. Aus diesen Zusammensetzungen entstünden schließlich Verbindungen mit unterschiedlichen Eigenschaften. Der Mondkrater Dalton und der Asteroid (12292) sind heute ihm zu Ehren nach ihm benannt.

Der Engländer Robert Brown war wie Dalton universell gebildet. Brown studierte an der University of Edinburgh Medizin und Botanik. 1795 wurde er Militärarzt in Irland. Im Jahre 1827 entdeckte Brown unter dem Mikroskop die unregelmäßige Bewegung von Blütenstaubkörnchen. Diese nach ihm benannte *Brownsche Bewegung* kommt durch gegenseitige Stöße von Atomen zustande. Aber erst knapp 100 Jahre später gelang es Albert Einstein, dafür eine Erklärung zu liefern.

In der weiteren Entwicklung formulierte der deutsche Physiker Gustav Robert Kirchhoff im Jahre 1859 das sog. *Strahlungsgesetz*. Sein Strahlungsgesetz beschreibt das Verhältnis von Absorption und Emission eines Körpers im thermischen Gleichgewicht. Warmhaltegefäße etwa werden inwendig verspiegelt, um die Wärmestrahlung eines Inhalts zu reflektieren und so den Inhalt warm zu halten. Erwähnenswert ist vielleicht, dass Kirchhoffs Bücher zwar streng wissenschaftlich abgefasst wurden, er selbst jedoch eine sehr liebenswürdige und fröhliche Persönlichkeit besaß.

Diese modellhaften Annahmen von Kirchhoff bildeten später den Ausgangspunkt für die *Quantenhypothese* von Max Planck, der ganze fünf Jahre daran arbeiten musste, um zu einer praktikablen Erklärung zu kommen. Doch dazu später etwas mehr.

Im Jahre 1869 hielt Hermann Helmholtz, ein deutscher Arzt, Physiologe und Physiker, in Innsbruck einen Vortrag zum Thema *„Über das Ziel und die Fortschritte der Naturwissenschaften“* als Eröffnungsrede der Naturforscherversammlung, auf welche wir später noch zu sprechen kommen werden. Helmholtz erkannte, dass das von Dalton entwickelte Modell weder ausreichend elektrophysikalische noch elektrochemische Erscheinungen darstellen konnte. Helmholtz postulierte daher 1881, dass Atome *Träger elektrischer Ladung* sein müssten. Helmholtz studierte zuerst Medizin und wandte sich dann der Physik zu. Er gilt als Universalgenie der Naturwissenschaften. Er leistete auf vielen wissenschaftlichen Gebieten Außergewöhnliches, sodass er der *Reichskanzler der Physik* genannt wurde.

Innsbruck war bis in die späten 1860er ohne eigenes Physikinstitut. Daher beschloss die Innsbrucker Philosophische Fakultät im Jahr 1868 ein Ordinariat und später ein Institut für Mathematische Physik zu gründen. Am 12. Juni 1868 wurde Ferdinand Peche zum ersten Ordinarius der Mathematischen Physik in Innsbruck ernannt. Allerdings gelang es ihm während seiner Amtszeit von 1868 bis 1889 nicht, besondere Verdienste auf dem Gebiet der Physik zu erwerben, nicht zuletzt, weil es keine eigenen Räumlichkeiten gab.[7] Die Fakultät überlegte zeitweise sogar, die Mathematische Physik wieder

7 Ferdinand Peche ist am Innsbrucker Westfriedhof in einem Ehrengrab beigesetzt. Er selbst galt als *Philanthrop*. Seine Villa in der Leopoldstraße 59 (heute Nr. 43) vermachte er der Gemeinde Wilten. Im Zweiten Weltkrieg wurde die Villa allerdings zerstört. Später wurde dort ein Kinder- und Jugendheim aufgebaut (Pechegarten). Testamentarisch enthob Peche seine Freunde und Bekannten sich als Trauernde an seinem Begräbniszug anzuschließen, um einer Verkühlung vorzubeugen.

aufzulassen und stattdessen ein Ordinariat für Geometrie zu gründen. So war es im Jahre 1890 eine knappe Entscheidung, die Mathematische Physik in Innsbruck zu erhalten.

Speziell die beiden berühmten Österreicher Ernst Mach und Ludwig Boltzmann setzten sich für den weiteren Erhalt des Ordinariats in Innsbruck ein.

Am 29. Juli 1890 erfolgte die Ernennung des Österreichers Anton Wassmuth zum Ordinarius für Mathematische Physik. Es mag auch der Umstand dazu beigetragen haben, dass Wassmuth in Prag bei Ernst Mach studierte und dort von 1866 bis 1870 Assistent an der Deutschen Technischen Hochschule war.

Im Jahre 1894 wurde schließlich Karl Exner zum Ordinarius der Mathematischen Physik in Innsbruck.[8] Aufgrund einer schweren Erkrankung musste er aber bereits

8 Aber schon im Jahre 1897 reagierte das Ministerium für Kultur und Unterricht in Wien und ermöglichte 1898 die Eröffnung des ersten Röntgenkabinetts an der Innsbrucker Klinik. Mit dem österreichischen Chirurgen Hans von Haberer (eigentlich Johann Baptist Martin Theodor Wilhelm Anton Haberer von Kremshohenstein) begann die Ära der wissenschaftlichen Radiologie.
Hans von Haberer war von 1911 bis 1924 Vorstand der Innsbrucker Chirurgie und wurde 1918 mit der Erweiterung der Röntgeneinrichtung beauftragt. Sein Schüler und späterer Abteilungsleiter Konrad Staunig pflegte zur Vervollkommnung der Röntgentechnik einen sehr intensiven Austausch mit den Physik- und Chemieinstituten. Die Physik kooperierte in diesen ersten Jahren sehr stark mit der Radiologischen Klinik in Innsbruck, in den Folgejahren gingen diese Aktivitäten allerdings nach und nach weitgehend verloren. Ein eigenes Institut für Medizinische Physik wurde erst viel später in Innsbruck gegründet. In der Folge führte der Tiroler Walter Ambach als erster Vorstand von 1976 bis 1997 das neu gegründete Institut für Medizinische Physik in Innsbruck an. In seiner Zeit wurden aber vor allem Untersuchungen zur UV-Strahlung und zu Radonkonzentrationen durchgeführt. Erst mit Beginn der 1990er Jahre kam es wieder, wohl bedingt durch die neuen Schnittbildtechniken sowie der fortschreitenden Digitalisierung, zu einem kurzen Aufleben der Kooperation zwischen Radiologie und Medizinischer Physik.
Heute sind das Institut für Physiologie und das Institut für Medizinische Physik zu einem gemeinsamen Department zusammengefasst. Dieses kurze Aufleben der Zusammenarbeit ist jedoch weitestgehend wieder abgeebbt, heute beschäftigt die Radiologische Fakultät eigene Physiker, die praktisch unabhängig von der Mutterfakultät arbeiten.

im Jahre 1902 seine Vorlesungen weitestgehend einstellen und 1904 in Pension gehen. Exner beschäftigte sich mit Optik (Wellentheorie des Lichts) und dem Funkeln von Sternen (Szintillation).

KAPITEL III.

Radioaktivität und Röntgenstrahlen werden entdeckt

Zur Entwicklung der Atomtheorie hatte die Innsbrucker Mathematische Physik bis zu diesem Zeitpunkt jedoch noch keine nennenswerten Beiträge geleistet. Dies sollte erst später der Fall sein. Das war jedoch ein gesamtösterreichisches Problem an und für sich. Noch zu Beginn des 20. Jahrhunderts beklagte der österreichische Nobelpreisträger Erwin Schrödinger, dass man zur *Beforschung der Materie* und der *Radioaktivität* Österreich verlassen müsse.

Ende 1895 entdeckte der Deutsche Wilhelm Conrad Röntgen die heute nach ihm benannten Röntgenstrahlen.[9] Die glückliche Entdeckung war eher zufällig und

9 Mit der Entdeckung Röntgens sei auf ein interessantes Innsbrucker Zwischenspiel hingewiesen. Am 28.12.1895 wurden durch den österreichischen Arzt Gustav Kaiser die ersten medizinischen Röntgenaufnahmen in Wien angefertigt. Eine dieser Aufnahmen hatte Kaiser kurz vor seinem Tode Karl Ruckensteiner, dem Ordinarius für Radiologie an der Universität Innsbruck, übergeben. Außerdem überließ Gustav Kaiser Karl Ruckensteiner noch zwei weitere Röntgenaufnahmen. Als Nachfolger Ruckensteiners auf der Lehrkanzel für Radiologie in Innsbruck hatte Erich Pirker später die drei Röntgenbilder aus Gustav Kaisers Nachlass übernommen und wollte diesem posthum die ihm gebührende Anerkennung zuteilwerden lassen, nachdem in jahrelangen Studien der Weg zur ersten medizinischen Röntgenaufnahme durch Erich Pirker und andere Autoren belegt werden konnte. Die Aufnahmen befanden sich jahrzehntelang an der Universitätsklinik für Radiologie in Innsbruck und wurden später nach Wien übergeben.

weniger geplant. Röntgen war darauf spezialisiert, Experimente von anderen nachzuvollziehen und zu wiederholen. Was ihn von den anderen unterschied, war, dass er vielleicht akribischer und weniger auf ein bestimmtes Ziel konzentriert war. Röntgen wusste zunächst nicht, was er da gefunden hatte, und er nannte die Strahlung erst einmal vorsichtig *X-Strahlen*. Es ist Röntgen zu verdanken, dass er auf seine Entdeckung nie ein Patent anmeldete. So wurde seine Entdeckung weltweit zum Wohle der Menschheit nutzbar. Röntgen selbst hielt nicht viel vom wissenschaftlichen Trubel. Zeit seines Lebens war er darauf bedacht, dass er seine Universitätsferien vom ersten bis zum letzten Tag genoss.

Einige Wissenschaftler hatten schon vor Röntgen dieselben Ergebnisse erzielt, die seltsamen Erscheinungen jedoch Messfehlern oder Ungenauigkeiten zugeschrieben. Der Amerikaner Arthur Willis Goodspeed hatte zum Beispiel bereits 1890 scharfe, kreisrunde Flecken von Metallstücken auf seinen Platten gesehen. Goodspeed bewahrte die Platten auf und konnte so nachweisen, dass er unwissentlich schon in dieser Zeit die ersten Bilder mit Kathodenstrahlen in seinem physikalischen Labor der Universität Pennsylvania erzeugt hatte. So wurden seine Vorarbeiten anerkannt und er wurde 1902 zum Präsidenten der amerikanischen Röntgen Ray Society gewählt.

Der Franzose Henri Antoine Becquerel arbeitete als Dozent und als Chefingenieur für Brücken- sowie Straßenbau im Ministerium in Paris. Ab dem Jahre 1891 untersuchte Becquerel die Phosphoreszenzeigenschaften von Mineralien. Er wollte untersuchen, warum Stoffe nachleuchten, auch wenn keine Einstrahlung von Licht mehr stattfindet. Henri Antoine Becquerel stieß zeitgleich mit

Röntgens Entdeckung der X-Strahlen auf die natürliche *Radioaktivität* von Uranverbindungen. Im Februar 1896 berichtete Becquerel der Académie des Sciences von seiner Entdeckung.

In der Zwischenzeit begannen Physiker mit *Kathodenstrahlen*[10] (also Strahlung von der Kathode der Vakuumröhre) zu experimentieren. Sie stellten fest, dass diese Strahlen von elektrischen und magnetischen Feldern abgelenkt werden können. Der Deutsche Emil Wiechert und der Engländer Joseph John Thomson vermuteten, dass diese Kathodenstrahlen aus kleinen Teilchen mit *negativer Ladung* bestehen. Im Jahre 1897 benannte der Ire George Francis FitzGerald diese Teilchen *Elektronen*. Joseph John Thomson erhielt 1906 den Nobelpreis und auch sein Sohn George Paget sollte später den Nobelpreis für die Entdeckung der *Elektronenbeugung*[11] am Kristallgitter erhalten.

Schlussendlich entdeckten Marie Curie und ihr Mann Pierre in ihrem umgebauten Gartenhaus in Paris 1898 die radioaktiven Eigenschaften verschiedener Stoffe, welche eine eigenartige Strahlung aussandten. Die Curies und Becquerel erhielten im Jahre 1903 zusammen für ihre Entdeckungen den Nobelpreis für Physik. Pierre Curie starb 1906 bei einem Straßenunglück. Zu diesem Zeitpunkt war es noch vollkommen rätselhaft, was *Radioaktivität* eigentlich ist. Acht Jahre (1911) später erhielt Marie Curie dann für die Entdeckung des chemischen

10 Der Begriff der Kathodenstrahlen ist eine eher veraltete Bezeichnung für die von der Kathode einer Gasentladungsröhre ausgehenden Elektronenstrahlen. Elektronenstrahlen werden heute als Betastrahlung bezeichnet.

11 Damit beschreibt man die Bewegung von Elektronen an einem Streuobjekt wie etwa an Atomen eines Kristalls.

Elements *Radium* einen zweiten Nobelpreis für Chemie. Marie Curie starb 1934 an den Spätfolgen der radioaktiven Strahlung. Marie Curie hatte es zu dieser Zeit besonders schwer. Neid und Missgunst gegenüber einer Frau in der Wissenschaft waren allgegenwärtig. Ihren zweiten Nobelpreis konnte sie nicht einmal feiern, da man ihre intime Beziehung mit einem ehemaligen Assistenten, nach dem Tod ihres Mannes, in allen Zeitungen skandalisierte. Sie ließ sich jedoch diese schwere Belastung nicht anmerken und holte, trotz dieser Denunziationen, ihren Nobelpreis in Schweden persönlich ab.

Im Jahre 1898 kam Joseph John Thomson nach Untersuchungen an Kathodenstrahlen im elektrischen bzw. magnetischen Feld zu der Erkenntnis, dass sich diese wie negativ geladene Teilchen verhalten müssten. Die Strahlung konnte so als *Elektronenfluss* gedeutet werden. Thomson entdeckte damit das Elektron als *Teilchen*. Für Thomson war das Atom so etwas wie ein Rosinenkuchen. Der Kuchen beinhaltete die mit der Masse verbundene positive Ladung und die Rosinen stellten die Elektronen dar. Thomson war Teil jener Physikergeneration, in der die klassische Physik vollendet wurde und sich eine neue Physik entwickelte.

Lord Ernest Rutherford führte die Versuche von Joseph John Thomson weiter. Mittels *Streuversuchen* konnte man erkennen, dass ein Atom bis auf den *Kern* leer und seine Größe durch die am Kern gehaltenen Elektronen bestimmt ist, welche um diesen kreisen. So war der Begriff des *Atomkerns* – zumindest in ersten Ansätzen – geboren.

Ernest Rutherford hatte 11 Geschwister und war ein *strebsamer* Geist, so dass er mit Stipendien die Universität von Christchurch in Neuseeland und das Cavendish-Laboratorium in Cambridge besuchen konnte. Er war zu seiner Zeit einer der begabtesten Experimentalphysiker. Die Neutronennachweise im Kern gelangen jedoch erst seinem Schüler James Chadwick im Jahr 1932.

Erst die *Quantentheorie* lieferte schließlich eine Begründung für die neuen Atommodelle sowie die Grundlagen zum Verständnis der Natur des Lichtes. Aus ihr entstand später die sogenannte *Quanten- oder Wellenmechanik*, wobei sich heute der Begriff der *Quantenmechanik* durchgesetzt hat.

KAPITEL IV.

Erste moderne (quantentheoretische) Atommodelle entstehen

Man konnte es zu dieser Zeit drehen und wenden, wie man wollte. Niemand verstand all diese Effekte wirklich und es war an der Zeit, eine geeignete *Vorstellung der Dinge* zu entwickeln. Man war sich bewusst, dass die Modelle die Realität mehr schlecht als recht widerspiegelten.

Ab ca. 1895 beschäftigte sich Max Planck mit der *Theorie der Wärmestrahlung*. Fast ein halbes Jahrzehnt lang mühte er sich beinahe täglich damit ab, ein geeignetes mathematisches Modell zu entwickeln. Am 14. Dezember 1900 präsentierte er schließlich der Physikalischen Gesellschaft seine berühmte Gleichung, mit der sich die Strahlung eines *schwarzen Körpers* beschreiben ließ.[12] In einer mathematischen Verzweiflungstat entwickelte er die Vorstellung von gebündelten *Lichtpaketen* (sog. *Quanten*). Max Planck wurde durch seine Entdeckungen über die *Quantelung der Energie* (also deren Aufteilung in einzelne Pakete), aus der sich die Quantentheorie entwickelte, weltberühmt und erhielt 1918 dafür den

12 Das Modell eines schwarzen Körpers ist eine gedankliche Vereinfachung in der Physik. Man denkt sich dabei Körper, welche jegliche Strahlung vollständig absorbieren und auch emittieren. Reale Körper würden einen Teil der Strahlung aufnehmen und nicht weitergeben.

Nobelpreis für Physik. Diese Entdeckung der sogenannten Energiequanten stellte unser Verständnis der Realität vollkommen auf den Kopf.

Es war Max Planck, welcher in der Folge die immense Bedeutung von Einsteins Arbeiten erkannte, ihn nach Berlin holte und förderte. Trotzdem blieben Max Planck viele schlimme Schicksalsschläge nicht erspart. Seine erste Frau starb 1909 nach 23-jähriger Ehe. Sein Sohn Karl fiel 1916 bei Verdun. Seine beiden Töchter starben nach der Geburt ihres ersten Kindes. Sein zweiter Sohn Erwin wurde von den Nazis hingerichtet und er wurde in den letzten Tagen des Zweiten Weltkrieges, im Alter von über 87 Jahren, völlig ausgebombt und verlor sein Haus. Die deutsche Max-Planck-Gesellschaft lebt jedoch in seinem Namen weiter.

Die Physiker jener Zeit waren aber noch stark in den klassischen Vorstellungen der Mechanik verhaftet. Der Däne Niels Bohr betrachtete Elektronen weiterhin als kleine Kügelchen.[13] Infolge weiterer Erkenntnisse durch Albert Einstein gewann die plancksche Quantentheorie in den Folgejahren jedoch an Boden.[14]

Einstein griff die Annahme von Max Planck auf und übertrug dessen Ansatz auf das Lichtphänomen. Einsteins berühmte *Lichtquantenhypothese* aus dem Jahre

13 Quanten sind heute keine Hypothese mehr, sondern wurden inzwischen empirisch nachgewiesen und sind damit real.

14 Diese Erkenntnisse wurden an der Mathematischen Physik in Innsbruck relativ schnell anerkannt. Wie zuvor erwähnt musste Karl Exner zu dieser Zeit in Innsbruck das Ordinariat für Mathematische Physik bereits 1902 krankheitsbedingt zurücklegen. Michael Radakovic übernahm in den beiden darauffolgenden Jahren seine Vorlesungen als Supplent. Im Jahre 1905 wurde Ottokar Tumlirz Ordinarius der Mathematischen Physik in Innsbruck und er hatte diese Stellung bis 1926 inne. Tumlirz bemühte sich schon damals, die Entdeckung der Röntgenstrahlung, der Radioaktivität sowie die Planck'sche Quantentheorie in seinen Vorlesungen zu berücksichtigen.

1905 besagt, dass Licht (und im Prinzip damit jede elektromagnetische Strahlung[15]) nur gequantelte (nicht kontinuierliche) Energieinhalte annehmen kann. Lichtenergie ist damit nicht mehr kontinuierlich, sondern in einer endlichen Zahl von Energiequanten über einen Raum lokalisierbar verteilt. Somit ist Licht für Einstein ein Strom von Energiepaketen *(Photonen)*. Diese Photonen breiten sich mit Lichtgeschwindigkeit aus, sind unteilbar und können nur als Ganzes erzeugt oder absorbiert werden. Für diese Arbeit erhielt Einstein 1921 den Nobelpreis.

Niels Bohr war ein philosophierender Physiker und gleichzeitig ein erstaunlich schlechter Mathematiker. Die lästige Rechenarbeit überließ er lieber seinen Assistenten. Auf dem festen Fundament der Vorarbeiten von Rutherford und Einstein gelang es Niels Bohr 1913 schließlich, ein tieferes Verständnis des Atoms zu gewinnen. Bohr nahm an, dass Elektronen nur in bestimmten Bahnen um den Atomkern kreisen können. Die Übergänge zwischen den Bahnen erfolgen, so Bohr, in Sprüngen. Dieses Atommodell wurde 1916 durch Arnold Sommerfeld und Niels Bohr noch einmal erweitert, indem nun auch Ellipsenbahnen um den Atomkern zugelassen wurden.

Im Jahr 1924 veröffentlichte der adelige Franzose Louis de Broglie seine Theorie der *Materiewellen*. In dieser kühnen Annahme besitzt Materie einen *Wellencharakter* und Wellen einen *Teilchencharakter*. Mit Hilfe dieses Ansatzes konnten der *photoelektrische Effekt* und das bohrsche Atommodell auf einen gemeinsamen Ursprung zurückgeführt werden. Die bisherige Streitfrage,

15 Vereinfacht gesagt besteht elektromagnetische Strahlung aus miteinander verkoppelten elektrischen und magnetischen Feldern. Hierunter fallen Radio- oder Mikrowellen, Licht oder Röntgenstrahlung.

ob Teilchen nun Welle oder Korpuskel sind, beantwortete de Broglie mit *sowohl als auch*. Sein *Welle-Teilchen-Dualismus* besagt, dass Objekte sowohl Eigenschaften von Wellen als auch jene von Teilchen besitzen können. Für seine Entdeckung der Wellennatur von Elektronen (also des Welle-Teilchen-Dualismus) wurde er 1929 mit dem Nobelpreis ausgezeichnet. Wie viele andere Physiker neben ihm konnte sich de Broglie aber nie mit der weiteren Entwicklung der Quantentheorie anfreunden und lehnte diese ab.

Das ist/war im Wesentlichen der Wissensstand zur Zeit von Albert Einsteins Besuch in Innsbruck.[16]

16 Die Quantenmechanik erblickte schlussendlich im Jahr 1925 mit mathematischen Vorarbeiten von Werner Heisenberg das Licht der Welt. Werner Heisenberg benutzte dabei die Matrizenmathematik und eine Bedingung, die später als Vertauschungsrelation bekannt wurde. Erst Max Born erkannte den wirklichen mathematischen Hintergrund des Ansatzes von Heisenberg und formulierte diesen mit Heisenberg und Pascual Jordan besser aus. Bereits im Oktober 1925 konnte der Österreicher Wolfgang Pauli, sehr zum Leidwesen Heisenbergs, der dies selbst nicht schaffte, die Eigenzustände des Wasserstoffatoms berechnen. Werner Heisenberg formulierte dann 1927 seine Heisenberg'sche Unschärferelation.
Wenige Monate nach Heisenbergs Entdeckung entwickelte Erwin Schrödinger, ausgehend von den Erkenntnissen de Broglies, seine Wellenmechanik. Für diese Entdeckung erhielt er gemeinsam mit Heisenberg und Paul Dirac 1932 den Nobelpreis. Elektronen waren hier nicht mehr lokalisierte Teilchen, sondern eher als verschmierte Wahrscheinlichkeitsflächen unter einer Kurve zu verstehen, deren Verteilung sich anhand der Schrödingergleichung errechnen ließ. Schrödinger bedauerte später, seine Gleichung überhaupt entwickelt zu haben und empfand dies eher als Missbrauch seiner Idee.
Im Wesentlichen gilt die klassische Quantenmechanik bis ins Jahr 1937 als abgeschlossen. Die in dieser ereignisreichen Zeit erlangten Erkenntnisse haben bis heute Bestand und nicht an Gültigkeit verloren. Sie werden zur Beschreibung quantenmechanischer Probleme auch heute noch verwendet. Nach wie vor zickt und bockt die Quantenmechanik, wenn man sie mit der allgemeinen Relativitätstheorie in Verbindung bringen will. Zwar versuchte man, die Relativitätstheorie zu quantisieren und die Quantenmechanik zu gravitationalisieren, jedoch war beiden Ansätzen bis heute kein Erfolg beschieden. Die Stringtheorien sind dabei nur einer der Ansätze, die bis heute nicht zum Erfolg führten. Sollte Paul Dirac mit seiner Vermutung in den 30er Jahren recht gehabt haben, dass am Ende die Kritik von Albert Einstein obsiegen wird und die Quantenmechanik eben doch keine vollständige Theorie darstellt? Für Einstein war die Quantenmechanik zeit seines Lebens daher eben nicht „der wahre Jakob“.

KAPITEL V.

Tirol und Innsbruck zur Zeit von Einsteins Besuch

Lassen wir nun einige Ausschnitte aus dieser Zeit Revue passieren, um das damalige Klima etwas einzufangen, das in Innsbruck und Tirol vorherrschte bzw. in das sich Albert Einstein hineinbegab.

Im 20. Jahrhundert erlebte Innsbruck mehrere markante Ereignisse. Speziell für die Hauptstadt Tirols war das Ende des Ersten Weltkrieges von enormer Bedeutung, weil dadurch der gesamte südliche Landesteil verloren ging, der bisher von Innsbruck aus verwaltet wurde.

Mit den Friedens-(Kapitulations-)Verhandlungen, die schließlich bei Padua stattfanden, wurde General Viktor Weber von Webernau betraut. Die Ergebnisse der Verhandlungen kamen schlussendlich einer vollständigen Kapitulation gleich und umfassten die sofortige Einstellung aller Kampfhandlungen, die sofortige Räumung Tirols bis zum Brenner sowie u. a. Istriens, Triests und auch der Gebiete westlich der Krain und Norddalmatiens.

Durch das Wipptal fuhren nach der Kapitulation im November 1918 völlig überfüllte Züge mit Soldaten von der Front. Die Soldaten plünderten entlang der Rückzugsstraßen und drangen in Häuser und Geschäfte ein. Dass die Stadt und Teile des Landes dann am 23. November 1918 auch noch von italienischen Truppen besetzt wurden, hat den Bewohnern ganz klar gezeigt, dass ein neues Zeitalter eingeläutet wurde. Der Friedensvertrag von Saint Germain vom 10. September 1919 zwischen Österreich und den alliierten Mächten regelte die Friedensbedingungen, legte die neuen Grenzen fest und bestätigte die Ansprüche Italiens. Im Jahr 1919 kam es zu den ersten freien Wahlen in Tirol, gleichzeitig aber auch zu Hungersnotdemonstrationen in Innsbruck. Aufgrund der beträchtlichen wirtschaftlichen Schwierigkeiten in den Jahren nach dem Ersten Weltkrieg destabilisierte sich die politische Lage weiter und bereitete in der Folge den Boden für den aufkeimenden Nationalsozialismus.

Zur gleichen Zeit begann die spanische Grippe auch in Österreich um sich greifen, was die prekäre Lage zusätzlich verschlimmerte. Allein in Tirol kostete sie bis 1920 ca. 1500 Menschen das Leben.

Vor Kriegsbeginn war der Wechselkurs zum Dollar 4:1 gewesen. Im Juli 1922 betrug er 493:1. Im Jänner 1923 schon 17.792:1 und im November 1923 unvorstellbare 4,2 Billiarden : 1. Viele Menschen verloren so über Nacht ihren gesamten Besitz. Dadurch war die Versorgungslage der Bevölkerung bis in die 1920er Jahre katastrophal. Hinzu kam eine große Wohnungsnot. Viele Menschen waren obdachlos, hausten in Baracken und Verschlägen. Es kam zudem wiederholt zur Einstellung des gesamten Personen- und Gepäckverkehrs wegen drohenden Kohlemangels auf allen mit Dampf betriebenen Eisenbahnen. Kinder wurden zur körperlichen Erholung in die Schweiz geschickt.

Im März 1920 keimten erste zarte Versuche auf, in Innsbruck wieder etwas Frohsinn einkehren zu lassen, beispielsweise mit dem Frühlingsfest des Theaterpersonals. In den Innsbrucker Cafés und Gasthäusern, hauptsächlich aber in den Cafés Lehner und Maria Theresia, wurden wiederholt mehrstündige Razzien veranstaltet, um nach Schiebern und Schleichhändlern zu suchen. Diese triste Lage begann sich erst ab 1922 wirklich zu bessern.

So mag es auch nicht verwundern, dass seinerzeit ein Großteil der Tiroler Bevölkerung für den Anschluss Tirols an Deutschland war. Die christlichsoziale bzw. konservative Bewegung hatte eine große Anhängerschaft. In Tirol stimmten 1921 über 98,8 Prozent für einen Zusammenschluss mit Deutschland.

Ab Mitte der 1920er Jahre entwickelte sich in Innsbruck langsam wieder ein banal mondänes Gesellschaftsleben mit ausgeprägter Lokalszene. Im Oktober 1921 erhielt Fritz Pregl den Nobelpreis für Chemie. Pregl hatte von 1910 bis 1913 das Amt des Ordinarius für Medizinische Chemie an der Universität Innsbruck inne.

Im August 1923 verbot Italien dann Südtirol den Namen „Tirol" zu tragen. In Innsbruck wurden daher Straßen nach Südtiroler Orten benannt. So entstand etwa der Bozner Platz, der vormals Margarethenplatz hieß.

Die erste Innsbrucker Messe eröffnete am 4. Oktober 1923 ihre Pforten. Am 11. Jänner 1924 eröffnete auch der Innsbrucker Schachclub sein neues Clubheim im Café München. Außerdem kam die Verlängerung Anichstraße – Höttinger Au ins Gespräch (dies führte 1930 zum Bau der Universitätsbrücke).

Eine Verkehrszählung am Burggraben im Oktober 1924 in Innsbruck ergab eine Tagesfrequenz von 123 Autos, 227 Fuhrwerken, 441 Handwagen, 1.439 Radfahrern und 35.548 Fußgängern. Zur gleichen Zeit gab am

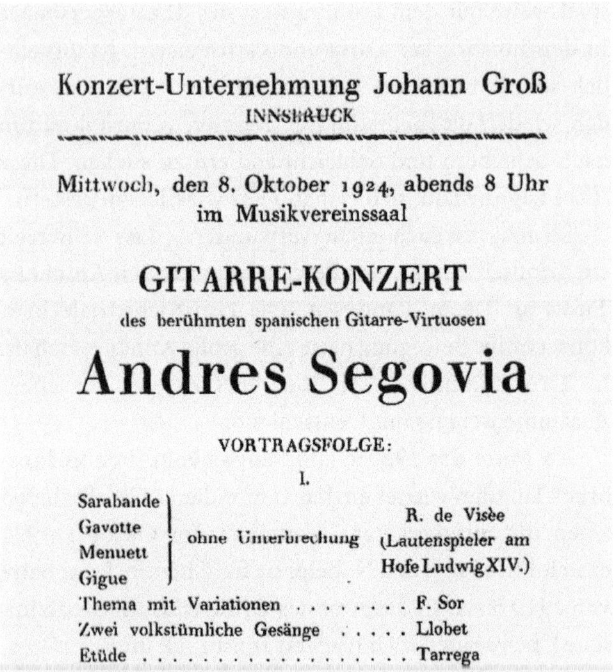

Konzert-Unternehmung Johann Groß

INNSBRUCK

Mittwoch, den 8. Oktober 1924, abends 8 Uhr
im Musikvereinssaal

GITARRE-KONZERT

des berühmten spanischen Gitarre-Virtuosen

Andres Segovia

VORTRAGSFOLGE:

I.

Sarabande Gavotte Menuett Gigue	ohne Unterbrechung	R. de Visèe (Lautenspieler am Hofe Ludwig XIV.)
Thema mit Variationen	. . . .	F. Sor
Zwei volkstümliche Gesänge	. . . . .	Llobet
Etüde	. . . .	Tarrega

II.

Gitarre	Herrn Andres Segovia gewidmet	C. Pedrell
Serenade a une morte		F. de Lacerda
Sevillana		T. Turina
Sonatine a) Allegretto b) Andante c) Allegro		F. M. Torroba

III.

Danza	. . . .	Granados
Torre bermeja Sevillana Legende	. . . .	Albeniz

Wagner Innsbruck

Abbildung 1: Programm des Konzertes von Andrès Segovia in Innsbruck am 8.10.1924 (http://www.gitarre-archiv.at; Stefan Hackl; 6074 Rinn; undatierte Aufnahme; gemeinfrei)

8. Oktober 1924 der Meistergitarrist Andrés Segovia ein Konzert im Musikvereinssaal in Innsbruck (siehe Abb. 1).

Im August 1925 durften Tiroler erstmals wieder mit einem gültigen Reisepass die deutsche Grenze passieren. Aber schon im November dieses Jahres trat der Vaterländische Schutzbund der paramilitärischen Einheit der NSDAP bei der Fahnenweihe der Tiroler Heimatwehr in Innsbruck auf. Im Mai 1926 erfolgte dann die Gründung des Nationalsozialistischen Deutschen Arbeitervereins in Wien, der Adolf Hitler unterstellt war.

Im Jänner 1927 folgte die Eröffnung der Bergisel-Schanze. Im Juli 1927 wurde der Bahnhof in Innsbruck von der Gendarmerie besetzt, um den Eisenbahnverkehr zu sichern, und im Jänner 1928 wurde in der Innsbrucker Maria-Theresien-Straße die erste Verkehrsampel in Betrieb genommen.

In dieser Zeit erfolgten in Tirol die meisten Eingemeindungen von früher selbständigen Dorfgemeinden. Gleichzeitig wurden große Anstrengungen unternommen, den Tourismus als Einnahmequelle zu forcieren: Die Errichtung der Seilbahnen auf die Nordkette und den Patscherkofel 1928 sollte den Wintertourismus ankurbeln und mit den ersten Alpinbauten auf der Seegrube und dem Hafelekar sowie verschiedenen Musikereignissen wollte man die Stadt zum Reiseziel machen.

KAPITEL VI.

Die Innsbrucker Tagung der Naturwissenschaftler und Ärzte 1924

Das entscheidende Forum, vor dem die Quanten- und die Relativitätstheorie ihre Bewährungsprobe zu bestehen hatten, waren im *„goldenen Zeitalter der deutschen Physik"* die Versammlungen der Deutschen Naturforscher und Ärzte.

Die Versammlung Deutscher Naturforscher und Ärzte hatte in der Vergangenheit lange Tradition. Die erste Versammlung fand 1822 in Leipzig statt. Schon Johann Wolfgang von Goethe schrieb im Jahre 1829 an seinen Dichterfreund Eckermann über die 8. Versammlung Deutscher Naturforscher und Ärzte in Heidelberg: *„Ich weiß sehr gut, daß bei diesen Versammlungen für die Wissenschaft nicht so viel herauskommt, als man sich denken mag; aber sie sind vortrefflich, daß man sich gegenseitig kennen und möglicherweise lieben lernt, woraus denn folgt, daß man irgend eine neue Lehre eines bedeutenden Menschen wird gelten lassen und dieser wiederum geneigt sein wird, uns in unseren Richtungen eines anderen Faches anzuerkennen und zu fördern. Auf jeden Fall sehen wir, daß etwas geschieht, und niemand kann wissen, was dabei herauskommt."*

Diese Versammlungen waren illustre Treffen der berühmtesten Wissenschaftler jener Zeit (19. Jahrhundert:

Alexander Humboldt, Carl Remigius Fresenius, Joseph Hyrtl, Rudolf Virchow, Ernst Haeckel, Max von Pettenkofer, Hermann von Helmholtz, Max Planck, Ferdinand Sauerbruch, Otto Warburg, Georg Büchner oder Adolf Butenandt).

In *Alt-Österreich* bzw. Österreich fanden bis zur Jahrtausendwende wiederholt Versammlungen statt: Wien (1832, 1856, 1894, 1913), Innsbruck (1869, 1924, 1978), Graz (1843, 1875), Salzburg (1881, 1909) und Meran (1905).

Am 21. September 1909 fand Einsteins Vortrag in Salzburg in der Abteilung Physik in Gemeinschaft mit der Abteilung Mathematik in der Nachmittagssitzung statt. Aus den heutigen Unterlagen kann man schließen, dass schon damals über hundert Hörer Einsteins Vortrag beiwohnten. Einstein referierte über das Thema *„Die Entwicklung unserer Anschauungen über das Wesen und die Konstitution der Strahlung"* und beeindruckte sein Publikum damit gewaltig.

Seine Gedanken zur Relativitätstheorie konnte Albert Einstein vom 19. bis 25. September 1909 in Salzburg, wenngleich nicht vor Publikum, zumindest mit anderen Physikern austauschen. Ob seines brisanten Inhaltes durfte er noch nicht öffentlich darüber referieren, da man zu starke Kontroversen seitens seiner Gegner befürchtete.

Der Erste Weltkrieg zeigte auch negative Auswirkungen auf die Wissenschaft. Nach dem Ersten Weltkrieg wurden deutsche bzw. österreichische Wissenschaftler ausgegrenzt und dezidiert von internationalen Kongressen ausgeladen bzw. nicht eingeladen. Dieser Umstand dauerte teilweise bis zur Solvay-Konferenz 1927 an.

Albert Einstein, Niels Bohr und viele andere standen dafür ein, dass dies ungerecht sei und man damit aufhören müsse. Dies ist umso erstaunlicher, als bereits 1920 die Judenhetze gegen Einstein durch den deutschen Physiker Philip Lenard, ebenfalls Nobelpreisträger für Physik, begann. Die Innsbrucker Versammlung von 1924 war daher ein geradezu unglaubliches Giganten-Treffen der Physik. Albert Einstein, Erwin Schrödinger[17], Max Planck, Lise Meitner, Max Born[18], Arnold Sommerfeld, Wolfgang Pauli und viele andere begegneten sich hier zum gedanklichen Austausch. Heisenberg war verhin-

17 Erwin Schrödingers Beziehung zu Innsbruck und Tirol hatte einen nachhaltigeren Charakter. Arthur March (1891-1957), Stiefvater von Erwin Schrödingers Tochter Ruth, wirkte ab 1926 als außerordentlicher Universitätsprofessor an der Universität Innsbruck. 1936 übernahm er dort den Lehrstuhl für Theoretische Physik und setzte sich auch für Gastaufenthalte von Erwin Schrödinger in Innsbruck ein. Schrödinger verbrachte seine letzten Lebensjahre u. a. in Alpbach/Tirol. Seinem Wunsch nach wurde er dort beerdigt.
Leonhard Braunizer, Vertreter der Familie, übergab einen Teil seines Nachlasses 2017 und 2020, bestehend u. a. aus Manuskripten, Korrespondenzen, Lebensdokumenten (u. a. Fotos) und Sammlungen und dem Kryptonachlass von Arthur March, der Universität Innsbruck.
Nachdem Schrödinger Tirol wiederholt besucht hatte, bekam er im Wintersemester 1950 schließlich eine Gastprofessur in Innsbruck. Damals verfügte das Institut über keine Räumlichkeiten und March musste sich mit einem Assistenten der Physik, dem Gastprofessor Schrödinger und einem weiteren Assistenten der Mathematik einen Raum des mathematischen Institutes im Hauptgebäude der Universität teilen. Sein früherer Assistent Cap erwähnt zudem, dass sich für Schrödinger 1950 ein weiteres Problem mit Tirol ergab. Zwei Monate nach Antritt seiner Gastprofessur beauftragte er daher Cap, sich bei der Quästur zu erkundigen, warum er bisher noch keine Geldbezüge bekommen habe. Der zuständige Beamte der Quästur erklärte, er könne deshalb kein Geld auszahlen, weil Herr Schrödinger sich geweigert habe, in einem Formular sein Religionsbekenntnis anzugeben. Ob denn nicht Cap wisse, welches Religionsbekenntnis Schrödinger habe. Nach der Antwort „konfessionslos" wurde das Gehalt nun ausbezahlt.
Leider hatte dies später eine weitere Folge: Als Schrödinger auf dem Friedhof in Alpbach 1961 beerdigt werden sollte, verwehrte der Ortspfarrer zunächst die Beerdigung eines Konfessionslosen (vgl. dazu: Geschichte des Instituts für Physik [1868-1988] von F. Cap; vgl. Schrödinger und Tirol, Jahrbuch Überblicke der Mathematik 1986, 211-216, Bibliographisches Institut Mannheim).

18 Max Born hatte sich mehrfach überlegt, nach Innsbruck bzw. nach Tirol zu übersiedeln, um hier besser seine wiederholten psychischen Belastungssituationen in den Griff bekommen zu können.

dert, da er sich seit September 1924 in Kopenhagen aufhielt.

Die Vorträge fanden im alten Innsbrucker Stadtsaal statt, der 1960, obwohl vollkommen intakt und durch den Krieg beinahe unbeschädigt, im Zuge der damaligen „Modernisierung“ einem neuen, leider sehr unansehnlichen Gebäude weichen musste, das 2015 ebenso abgetragen wurde.

Die durchgeführten Recherchen im Brenner-Archiv zur 88. Versammlung Deutscher Naturforscher und Ärzte, die vom 21. bis 27. September 1924 in Innsbruck stattfand, zeigen, dass die Nachkriegszeit insbesondere von materieller Armut geprägt war. So findet sich in den vorhandenen Akten leider kein einziges Foto dieser Tagung.

Auch aus heutiger Sicht muss diese Tagung für Innsbruck wohl ein noch nie dagewesenes Großereignis gewesen sein, das für das Innsbruck jener Zeit eine enorme logistische Herausforderung mit sich gebracht hat. Der damalige Landeshauptmann Dr. Stumpf überbrachte den Teilnehmern die Grüße des Tiroler Landes und Bürgermeister Dr. Ehler begrüßte die Anwesenden im Namen der Stadt Innsbruck.

Zur Eröffnung sprachen u. a. Univ.-Prof. Dr. Schweidler im Namen des geschäftsführenden Ausschusses, Bundespräsident Dr. Hainisch, Unterrichtsminister Schneider, Landeshauptmann Dr. Stumpf, Bürgermeister Dr. Ehler und der Rektor der Universität Innsbruck im Namen der wissenschaftlichen Vereinigungen in Innsbruck.

Die Innsbrucker Nachrichten begannen bereits in ihrer Samstagsausgabe am 20. September 1924 auf ihrer

Titelseite von diesem Ereignis zu berichten, u. a. mit einem Artikel über die Eröffnung der „Ausstellung“ durch den Vorsitzenden des Kongresses, Geh.-Rat. Prof. Dr. His aus Berlin.

Schon am Sonntag, den 21. September war der Zutritt zu den Innsbrucker Stadtsälen für eine gemütliche Zusammenkunft vollkommen ausgebucht, so dass auch der Saal des Hotels Maria Theresia und der große Saal des Bahnhofsrestaurants für die Teilnehmer reserviert worden war. Am 22. September reiste dann der damalige Bundespräsident Hainisch aus Graz zu der Veranstaltung an. Neben dem Bundespräsidenten Hainisch wohnte auch der Unterrichtsminister Dr. Schneider als Vertreter der österreichischen Regierung der Eröffnung bei.

Am 23. September berichten die Innsbrucker Nachrichten dann ganz groß über die Tagung der Deutschen Naturforscher und Ärzte, es war sogar von mehr als 6000 (!) Teilnehmern die Rede.

Im Verzeichnis des Innsbrucker Stadtarchivs (B-2112/d.) findet sich der *Innsbrucker Katalog*, das sogenannte *Zeugungsblatt* der 88. Versammlung der Gesellschaft Deutscher Naturforscher und Ärzte Innsbruck, vom 21. bis 27. September 1924 in Innsbruck.[19] Diese Ausgabe berichtet zunächst über die naturwissenschaftliche und medizinische Entwicklung Tirols und seiner Innsbrucker Schule und bietet anschließend eine gut ausgewählte und nach den einzelnen Gebieten geordnete Übersicht über wert-

19 Des Weiteren zeigt das Büchlein des Rahmenprogramms eine Tiroler Volksmelodie „Bin a frischer Tirolerbua und Hoamatmadl“ von Josef Pöll, Musikvorträge der Wiltener Musikkapelle und Vorträge der Sängervereinigung Wolkensteiner wie auch Kirchtagslandler von Josef Pöll und wiederum Musikvorträge der Wiltener Musikkapelle wie „Waldstille“, „Grubenlichter“ oder „Bis zum Obent“.

volle Literatur.[20] Hier findet sich auch ein Werk von Albert Einstein über die Grundlagen der allgemeinen Relativitätstheorie (1916). Weiters werden ebenso Autoren wie Ernst Mach, Friedrich Kohlrausch, Hermann Helmholtz, Heinrich Hertz, Philip Lenard, Hendrik A. Lorentz, Max Planck, Albert A. Michaelson, Johannes Stark, Wilhelm Wien und Pieter Zeeman genannt.

Die Naturforscher trafen sich vor allem in den damaligen Innsbrucker Stadtsälen (siehe Abb. 2) und im oben genannten Hotel Maria Theresia in der gleichnamigen Hauptstraße. So berichten die Innsbrucker Nachrichten, dass die Stadtsäle um acht Uhr morgens bereits voll besetzt waren.

Am 24. September 1924 berichten die Innsbrucker Nachrichten ausführlich über die neue Atomlehre und ihre erste bedeutsame Zusammenfassung. Dabei ist zu lesen, dass *„von ganz besonderem Interesse gestern die Sitzung der naturwissenschaftlichen Gruppe abgehalten wurde. Der Andrang war ganz enorm und zeugte somit von großer Wichtigkeit und Bedeutung der zu erwartenden Vorträge, die sich mit den Neuerungen auf dem Gebiet der*

20 Dabei werden vorwiegend Buchbeiträge zu verschiedenen Themen der Medizin und Naturwissenschaften dargelegt. Im Bereich der Physik werden dabei etwa Werke (Rubrik „wichtige Schriften") wie bspw. „Bragg- und Röntgenstrahlung durch Materie" dargelegt. Des Weiteren findet sich ein interessanter Buchbeitrag von Hugo Dingler über kritische Bemerkungen zum Grundanteil der Relativitätstheorie sowie die Relativitätstheorie und das Ökonomieprinzip (1921, 1922).
Zur von der wirtschaftlichen Depression geplagten Zeit der Tagung erscheint zumindest ein Katalog der Marx Kuhl AG Fabrik und Lagerphysikalische Apparate. Der Sonderkatalog zu dieser Tagung zeigte dabei Lehrzimmereinrichtungen, Experimentiertafeln, physikalische Apparate für höhere Lehranstalten, Hochschulen und Universitäten. Der Katalog imponiert dabei durch eine große Anzahl verschiedener Abbildungen der damals üblichen physikalischen Instrumente. Es finden sich dabei unter anderem Fotometer, optische Scheiben, Polarisationsapparate, Reflexionsgoniometer oder etwa auch kleinere Analyseapparate. Ebenso finden sich dabei Apparate für die Versuche mit Strömen hoher Wechselzahl und Spannungen.

Abbildung 2: Der Ort der Veranstaltung: Alte Innsbrucker Stadtsäle (Stadtarchiv Innsbruck, PL-202)

Atom- und Molekularforschung befassten." Laut den Innsbrucker Nachrichten war Dr. Sommerfeld[21] aus München der erste Redner, der über die Grundlagen der Quantentheorie und des Bohr'schen Atommodells sprach.

Aus physikalischer Sicht *„stachen dabei insbesondere die Vorträge von Sommerfeld (Zu den Grundlagen der Quantentheorie und des Bohrschen Atommodells), von Franck (Atome und Molekülstöße und ihre chemische Bedeutung), von Warburg (Die Quantenregeln in der Photochemie), von Kratzer (Molekulareigenschaften und Bandspektren) sowie von Kramers (Die chemischen Eigenschaften der Atome nach der Bohrschen Theorie) heraus*".

Bohr ebnete mit seinem Atommodell den Weg zum besseren Verständnis der schon lange bekannten Emissions- und Absorptionsspektren glühender Gase und erhielt dafür 1922 den Nobelpreis für Physik. Er hatte die damals aufkommende neue Quantentheorie, die auf

21 Arnold Sommerfeld war ein berühmter, theoretischer Physiker in München und u. a. der Lehrer von Werner Heisenberg, Peter Debye und Wolfgang Pauli. Er leistete bedeutende Beiträge zur Quantentheorie.

den Arbeiten von Planck und Einstein beruhte, auf das Atom angewandt. Max Born[22] aus Göttingen behandelte in Innsbruck die mathematische Vorstellung, welche wir uns von den chemischen Bindungen machen können, vom Standpunkt der Quantentheorie aus. Im März zuvor war er noch, bedingt durch sein Asthmaleiden, für mehrere Wochen ans Bett gefesselt gewesen. Über die elektrostatische Auffassung des Valenzproblems[23] entwickelte sich, so lesen wir in den Innsbrucker Nachrichten nach, *„eine sehr lebhafte Aussprache darüber, dass die Valenztheorie dabei zu kurz kommt. In der gleichen Sitzung wurden auch weitere für Physiker und Chemiker bewegende Fragen der Atome behandelt"*.

22 Max Born war in Breslau geboren und ein theoretischer Physiker in Göttingen, welcher ebenfalls mit einem Nobelpreis in Physik, für seine Beiträge zur Quantenmechanik, ausgezeichnet wurde. Wolfgang Pauli und Werner Heisenberg waren beide, nach ihrem Studium in München, bei ihm Assistenten. Born litt mitunter sehr an der beißenden Kritik Paulis an seinen Arbeiten, jedoch waren sie immer freundschaftlich verbunden. Es war Born, welcher die Pionierarbeit von Heisenberg zur Entwicklung der Quantenmechanik mathematisch entzifferte und in den zugänglicheren Formalismus der Matrizen überführte.
Erwähnenswert ist vielleicht, dass Klaus Fuchs, der deutsche Spion, der Russland viele Informationen zum Bau der Atombombe übermittelte, ein gern gesehener Gast im Hause von Max Born war. Max Born war ahnungslos, aber machte sich deshalb später viele Selbstvorwürfe. Der brillante Mathematiker Norbert Wiener hielt, nach seinem Besuch in Göttingen, Klaus Fuchs sogar für den Begabtesten unter Borns Studenten (Heisenberg miteingeschlossen). Klaus Fuchs lieferte maßgebliche Arbeiten an der Entwicklung der Plutoniumbombe Fat Man. Die Spionagetätigkeit von Klaus Fuchs war primär dadurch motiviert, dass er ein Kräftegleichgewicht zwischen den Supermächten als notwendig erachtete. Aber es war auch Klaus Fuchs, der sein Auto dem noch jungen Richard Feynman (Nobelpreisträger für Physik 1965 für wesentliche Beiträge zur Entwicklung der Quantenelektrodynamik) lieh, damit dieser an freien Tagen seine todkranke Frau besuchen konnte. Fuchs und Feynman arbeiteten beide zugleich am Atombombenprojekt in Los Alamos. Fuchs kam im Jahre 1959 zurück in die damalige DDR und erhielt später mehrere Preise.

23 Die Valenzelektronen befinden sich in der Außenschale eines Atoms. Sie sind für die Bindung mit weiteren Atomen wichtig. Die damalige Lehre von der Konstanz der Valenz der Elektronen genügte nicht, um sämtliche beobachtbaren Bindungsverhältnisse, etwa in der Chemie, darzustellen. Man sah sich gezwungen daher verschiedene neue Ansätze für die Erklärung des Phänomens zu suchen, wie eine Teilung der Valenz oder verschiedene, bindende Kräfte zwischen den Molekülen anzunehmen.

KAPITEL VII.

Albert Einstein in Innsbruck

Albert Einstein reiste etwas verspätet in Innsbruck an, verpasste aber nur einen kleinen Teil des großen Rahmenprogramms der damaligen Tagung. Wo er logierte, ist heute leider nicht mehr bekannt. Wir können aber annehmen, dass er eher an einem bekannteren Ort[24] im Zentrum von Innsbruck verweilte, da er zu jener Zeit bereits eine Berühmtheit war.[25] Erst im November 1922 hatte er den Nobelpreis für Physik für das Jahr 1921 erhalten. Prinzipiell verabscheute er jedoch großen Rummel um seine Person. So meinte er einmal: *„Wenn die Leute mich sehen wollen hole ich besser nur meine Kleider aus dem Kasten."*

Albert Einstein war am 24. September 1924 unterwegs von Wien nach Innsbruck (Abb. 3). Er muss in Wien wohl in den späten Abendstunden des Vortages den

24 Aus der Korrespondenz mit der Mutter seiner beiden Söhne gibt es Hinweise, dass Einstein aus einem Treffen mit seinem Sohn Hans im Oktober 1921 das Gasthaus zur Goldenen Sonne in der Maria-Theresien-Str. 31 als Treffpunkt kannte, wo sich heute das Kaufhaus Tyrol befindet und welches schon im 17. Jahrhundert erwähnt wurde. Einstein wollte dann mit seinem Sohn Hans gemeinsam nach Bologna weiterfahren.

25 Aus einer im Laufe der Zeit wieder in Vergessenheit geratenen Randnotiz in den Privatbriefen Wolfgang Paulis kam der erste Hinweis, dass Albert Einstein im Jahre 1924 in Innsbruck zugegen war und hier mit vielen Physikern wichtige Gespräche führte.

Zug bestiegen haben. Es ist anzunehmen, dass Einsteins Bahnfahrt nach Innsbruck zumindest 8 bis 10 Stunden dauerte. Die Elektrifizierung der Eisenbahn war nämlich zu jener Zeit noch kaum fortgeschritten und Dampflokomotiven dominierten das Bild. Es herrschte an diesem Tage, wie so oft in Innsbruck, starker Föhn, der eini-

Abbildung 3: Der Innsbrucker Hauptbahnhof um 1920 (Stadtarchiv Innsbruck, oben: Ph-5311 / unten: Ph-30660)

gen Schaden an den Häusern anrichtete, wie man in den Innsbrucker Nachrichten nachlesen kann. Einem glücklichen Umstand ist es zu verdanken, dass – dank einer Zugbekanntschaft – ein Foto von Albert Einstein entstand, fotografiert am Innsbrucker Bahnhof gegen Mittag dieses Tages (siehe Abb. 4).

Abbildung 4: Albert Einstein am Innsbrucker Hauptbahnhof (orphan works, Courtesy of Institute for Advanced Study)

Mit wem Einstein diese Zugfahrt nach Innsbruck verbrachte, ist leider nicht mehr zu rekonstruieren.[26] Jedoch schrieb Einstein seiner Begleitung eine kleine Widmung auf die Postkarte (siehe Abb. 5). Die Korrespondenz mit der Reisebegleitung Einsteins findet am 3. Oktober 1924 in Paris, auf Spanisch, ihre Fortsetzung. Dort schreibt die Reisebekanntschaft Einsteins einem Freund oder Bekannten, dass er/sie von Einstein das Manuskript[27] erhalten habe und es in Innsbruck *endlich* gelungen sei, von dem *berühmten* Professor Einstein ein Foto anzufertigen.

Die damalige Popularität Einsteins war enorm, er war ein richtiger Medienstar, so ließ er es sich nicht nehmen, am 6. Februar 1924 seine berühmte Relativitätstheorie selbst im Radio (WDR) einem breiten Publikum zu erklären. Immer mehr Zeitungen wollten Artikel von ihm, doch Einstein war der ganze Medienrummel zuwider und er fühlte sich zunehmend ausgelaugt davon.

Die 20er Jahre waren für Einstein in vielen Bereichen eine sehr aktive Zeit. So untersuchte er in diesen Jahren den Durchmesser der Kapillaren, entwickelte ein Hörgerät und mehrere Kühlaggregate. Ende 1924 und Anfang 1925 vollendete er seine drei letzten berühmten Arbeiten zur *Einstein-Bose-Statistik*. Mit seiner wachsenden internationalen Popularität wurden seine Reisen ab 1919 zahlreicher.

So kam es, dass Einstein in den drei Jahren vor der Innsbrucker Tagung im Wesentlichen ständig unter-

26 Von Innsbruck zurück nach Zürich fuhr Albert Einstein mit Hermann Weyl. Unter anderem nutzte Einstein die Innsbrucker Tagung auch, um mit Max Planck über die Gründung eines Internationalen Komitees zur intellektuellen Zusammenarbeit zu sprechen.

27 Welches, bleibt leider unbekannt.

wegs war. Wie wichtig Einstein jedoch die Innsbrucker Tagung gewesen sein muss, lässt sich aus seinen (hier keineswegs vollständig aufgezählten) Reisen vor und nach dieser Tagung erschließen.

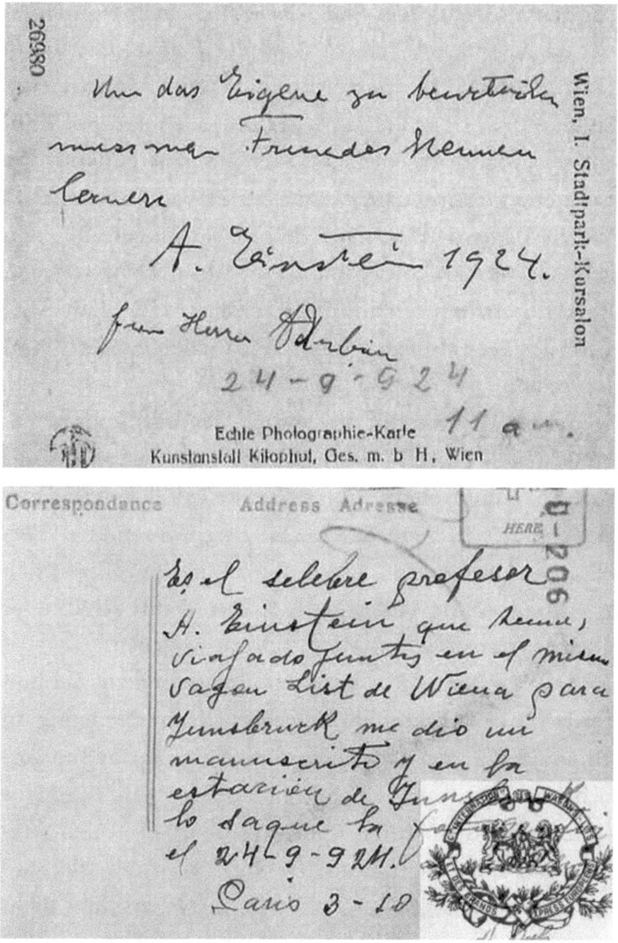

Abbildung 5: Von Albert Einstein signierte Postkarte (orphan works, Courtesy of Institute for Advanced Study)

So machte sich Einstein im April 1921 auf zu einer ausgedehnten Amerikareise, im Januar 1922 besuchte er Prag und Wien, im März 1922 folgten eine Frankreichreise und ein Abstecher nach Spanien, von Oktober 1922 bis Februar 1923 standen weitere Auslandsreisen nach Fernost auf dem Plan, im Februar 1923 von Japan nach Palästina, im Juli 1924 wieder Frankreich (Paris) und im März 1925 reiste er für mehrere Monate nach Südamerika. Die Überfahrt der ausgedehnten Südamerikareise nach Argentinien, Brasilien und Uruguay bis nach Buenos Aires dauerte zu jener Zeit allein schon drei Wochen. Ebenfalls zu jener Zeit unterzeichnete Einstein gemeinsam mit Gandhi und anderen ein Manifest gegen die Militärdienstpflicht. 1925 wird er außerdem Mitglied des Verwaltungsrats der Hebräischen Universität in Jerusalem.

Schon im Oktober 1924, nach der Innsbrucker Tagung, brach Einstein nach Holland (Leiden) auf, wo er bis 1952 eine weitere Professorenstelle bekleidete. Dort richtete er sich bequem ein und ging während der Vorlesungen in Socken und Pullover herum. Eigentlich mochte er keine Vorlesungen halten. Dafür schätzte er aber den persönlichen Austausch mit Kollegen.

Doch schon bald wurde ihm das Reisen zu viel und im Jahre 1928 erkrankte er wegen Überanstrengung an einem Herzleiden und musste einige Monate im Bett verbringen.

Es lohnt sich, einen Blick auf Albert Einsteins Streben und Denken unmittelbar vor, nach und während der Innsbrucker Tagung zu werfen. Dies eröffnet nicht nur einen besseren Blick auf die damalige Situation der Atomphysik während der Innsbrucker Tagung, sondern auch auf die besprochenen Themen, aus denen in der Folge mehrere Nobelpreisarbeiten ihre wissenschaftlichen Endweihen erhielten bzw. ihre Anfangspunkte nahmen. Namentlich sind hier die beiden Österreicher und Nobelpreisträger Wolfgang Pauli und Erwin Schrödinger zu nennen.

Im Jänner 1924 veröffentlichten Niels Bohr, Hendrik Kramers und John Clarke Slater ihre für Einstein geradezu ketzerische Arbeit zur Wechselwirkung zwischen Licht und Materie und erwogen den Energieerhaltungssatz in der Quantentheorie, also auf atomarer Ebene, aufzugeben (BKS-Theorie[28]). Schon zu Beginn dieser Arbeit wurden die großen Vorbehalte gegen Einsteins *Lichtquantenhypothese* klar und die Autoren verlangten gar die Aufgabe der mechanischen Gesetze auf atomarer Ebene.

Es ging in der Arbeit um nichts weniger, als die Aufgabe der *Kausalität*[29] auf atomarer Ebene zu akzeptieren. Die Erhaltung der Energie sollte zudem nur mehr im statistischen Mittel auf atomarer Ebene gelten.

Im Grunde hatte Bohr sogar ein wenig ein schlechtes Gewissen deswegen. In einem Brief vom Dezember 1924 entschuldigte er sich persönlich bei Wolfgang Pauli dafür. Bohr war aber überzeugt, dass *„sein Schwindel des Vermischens der klassischen mit der Quantentheorie sich noch auf viele Weisen beim Aufspüren der Geheimnisse der Natur als fruchtbar erweisen wird"*.

Damit war Albert Einstein nun ganz und gar nicht einverstanden und Werner Heisenberg bezeichnete die

28 Die Bohr-Kramers-Slater-Theorie.
29 also der Beziehung zwischen Ursache und Wirkung.

Arbeit später als den Höhepunkt in der Krise der Quantentheorie und ihr letztes Aufbäumen gegen die neue Quantenmechanik. Wie sehr Einstein dieser Gedanke gegen die Hutschnur lief und geradezu unerträglich war, geht aus einem Brief an Max Born vom 29. April 1924 hervor, in dem Einstein *„lieber Schuster oder Angestellter einer Spielbank"* sein möchte, als dieses Prinzip zu akzeptieren.

Heisenberg traf Einstein schließlich im Juni 1924 persönlich in Göttingen und berichtete Pauli von *hundert* Einwendungen Einsteins gegen diesen Ansatz von Bohr und dessen Kollegen. Nach der Tagung in Innsbruck und dem Treffen zwischen Pauli und Einstein sandte Pauli am 2. Oktober 1924 einen Brief mit einer Liste dieser Einwendungen und Kritikpunkte seitens Einstein an Niels Bohr.

Diese Arbeit ist gewissermaßen das Vorspiel zum lebenslangen Dialog zwischen Albert Einstein und Niels Bohr zum Wesen der Quantenmechanik. Obwohl sie zu Beginn ihrer Bekanntschaft im Jahre 1920 im *Korrespondenzbegriff*[30] übereinstimmten, wurden ihre beiden Positionen zur Quantenmechanik im Laufe der Jahre immer unvereinbarer.

Das *Korrespondenzprinzip* war seinerzeit die einzig verlässliche Brücke zwischen der klassischen Physik und der Quantenmechanik. Doch auch sie war für die Erklärung der *Lichtquanten* nutzlos. Die Frage, ob Teilchen oder Welle, lag fernab dieses Prinzips. Bohr und Einstein

30 Der von Niels Bohr geprägte Name beschrieb vereinfacht gesagt die Versuche, Begriffe der klassischen Mechanik mit jenen der neuen Quantenansätze in Verbindung zu bringen.

waren jedoch immer voller Respekt und Freundschaft füreinander.

Just zu diesem Zeitpunkt trat der junge, adelige Franzose Louis de Broglie auf die wissenschaftliche Bühne. 1923 kam Louis de Broglie die Idee, dass die von Einstein gemachten Aussagen aus dem Jahr 1905 auf alle Entdeckungen ausgeweitet werden sollten. Louis de Broglie vertritt in seiner Arbeit *„Recherches sur la theorie des quanta"* die Annahme, dass allen Teilchen ebenso Welleneigenschaften zuzuschreiben wären. Insbesondere auch den Elektronen. De Broglie war sich sicher, dass Einstein diese Arbeit spätestens seit dem Frühjahr 1924 kannte, da sein Doktorvater Langevin ihm diese für eine Beurteilung zugesandt hatte. Einstein las die Arbeit und schrieb im Dezember 1924 an Lorentz:[31] *„Ich glaube, das ist ein erster schwacher Strahl zur Erhellung dieses schlimmsten unserer physikalischen Rätsel. Ich habe einiges gefunden, was für seine Konstruktion spricht."*

Aus dem Ansatz von de Broglie schlussfolgerte Einstein, dass bei allen Teilchen auch Beugungs- und Interferenzerscheinungen wie bei klassischen Wellen auftreten sollten. Für Einstein eröffnete sich damit ein Weg, die gewohnte Ordnung in der Physik wiederherzustellen, die zuvor durch die umstürzlerischen Gedanken von Niels Bohr bedroht schien.

Doch ein Problem blieb dennoch bestehen. Es war die Frage zu dem Nebeneinander der zwei Aspekte der Materie – Welle oder Teilchen. Wie hängen diese zusammen

31 Hendrik Lorentz war ein berühmter, theoretischer Physiker dieser Zeit. Lorentz schuf mit seinen Arbeiten die Grundlagen, auf denen die spezielle Relativitätstheorie Albert Einsteins aufgebaute. Einstein und Lorentz hegten eine große Wertschätzung füreinander.

oder haben sie überhaupt keinen Zusammenhang? Einstein war ratlos.

Einstein war also zu jener Zeit ganz gefangen von der Frage, ob denn nun dem Licht ein Welle- oder ein Teilchencharakter zuzusprechen sei. So beschloss er, die Innsbrucker Tagung für einen intensiven Austausch mit seinen Fachkollegen zu nutzen. Die Fragen rund um die Atomtheorie beschäftigten ihn mehr als seine 1905 bzw. 1911 entwickelte Spezielle bzw. Allgemeine Relativitätstheorie.

Fasziniert von den Ansätzen de Broglies zu den Materiewellen wollte Einstein die Innsbrucker Jahrestagung nutzen, um den experimentell arbeitenden Physikern die Suche nach Beugungs- und Interferenzerscheinungen in Molekularstrahlen näherzulegen. Wolfgang Pauli erinnerte sich jedenfalls, dass Einstein während einer Diskussion bei der Tagung in Innsbruck die Suche nach Interferenz- und Beugungserscheinungen bei Molekularstrahlen vorschlug.

Die Idee erwies sich allerdings als relativ aussichtslos, da die zu beobachtenden Wellenlängen viel kleiner ausfallen als die Moleküldurchmesser. Mit Elektronen hingegen würde die Sache ganz anders aussehen. Hier sollten sich, etwa in Kristallen, durchaus Beugungserscheinungen der Elektronen beobachten lassen.

Im Juni 1924 erhielt Einstein einen Brief von einem bislang unbekannten indischen Physiker, dessen Arbeit von einer Fachzeitschrift abgelehnt worden war. Der Physiker bat Einstein darum, seine Arbeit zu beurteilen und, sollte er diese als geeignet erachten, ihm zu helfen, diese zu übersetzen, um sie in einer deutschen Physikzeitschrift zu veröffentlichen. Schon im Jänner 1925 veröffentlichte

Einstein schließlich eine Arbeit zusammen mit dem indischen Physiker Satyendranath Bose.[32] Doch Einstein blieb ambivalent, zu neu war ihm der Begriff des Photons.

So schrieb er am 12. Juli 1924 an den österreichischen Physiker Paul Ehrenfest[33]: *„Ableitung elegant, aber Wesen bleibt dunkel."* Dennoch war die Arbeit für Einstein so interessant, dass er für einige Zeit sein Hauptinteressensgebiet der *einheitlichen Feldtheorie* verließ. Bose selbst war sich zu diesem Zeitpunkt noch gar nicht bewusst, welchen revolutionären Charakter seine Arbeit hatte, wie er viele Jahre später zugab.

Diese Arbeit zur Quantentheorie des einatomigen, idealen Gases lieferte Argumente für einen Wellencharakter der Materie. Mit dem Gas sollte à la Louis de Broglie auch ein Wellenbild verknüpft werden können. So entstand die heute bekannte Bose-Einstein-Statistik.[34] Materie kann nicht nur in fester, gasförmiger oder flüssiger Form auftreten. Es sollte allerdings mehr als siebzig Jahre dauern, bis es sich schließlich im Labor erzeugen ließ. Mit der Bose-Einstein-Statistik lassen sich Vorher-

32 Aufgrund von Konflikten an der Universität wechselte er zur Physik. Er lernte Französisch und Deutsch, um Fachaufsätze lesen zu können. Dadurch war er in der Lage, 1919 Aufsätze von Albert Einstein zu lesen.

33 Ehrenfest wurde in Wien geboren und studierte bei Ludwig Boltzmann. Später studierte er in Göttingen bei Felix Klein, David Hilbert und Karl Schwarzschild. Er arbeitete mit seiner Frau in Göttingen und Sankt Petersburg. Mit Albert Einstein war er seit 1911 persönlich bekannt. Mit Wolfgang Pauli hegte er eine enge Freundschaft. Ab 1912 wurde er, durch Empfehlung von Arnold Sommerfeld, Professor für Theoretische Physik an der Universität Leiden. Ehrenfest litt an Depressionen und erschoss sich 1933. Er litt schwer unter der Behinderung (Down-Syndrom) seines Sohnes.

34 Das Bose-Einstein-Kondensat beschreibt eine Temperatur, bei der sich alle Teilchen im Grundzustand befinden. Sie sind dann nicht mehr voneinander unterscheidbar und verhalten sich wie ein einziges Teilchen. Dies könnte es ermöglichen, völlig neuartige Lichtquellen mit Lasereigenschaften im Röntgenbereich herzustellen. Das Bose-Einstein-Kondensat würde es somit erlauben, Lasereigenschaften im UV- oder Röntgenbereich zu erzeugen.

sagen über das Verhalten von Materie bei extrem tiefen Temperaturen treffen. Einstein wurde mit seinen Publikationen zur Gastheorie gleichzeitig zum Paten der Wellenmechanik, die von Erwin Schrödinger erarbeitet wurde. Schrödinger beruft sich in seinen Publikationen wiederholt auf die wichtigen Einflüsse von Einstein und de Broglie.

Mit dieser Arbeit hatte Einstein noch einmal an seine früheren wissenschaftlichen Erfolge anknüpfen können und einen der Höhepunkte der alten Quantentheorie geschaffen. Damit führte er sie an die Schwelle der neuen Quantenmechanik heran.

Zwei Jahrzehnte nach seinen großen Erfolgen gab sich Einstein damit zufrieden, dass immaterielles Licht und materielle Korpuskeln sowohl Teilchen- als auch Wellencharakter zeigten. Dies entsprach insgesamt seinem Bedürfnis nach einer Verallgemeinerung der Theorien. Doch in Bezug auf den Welle-Teilchen-Dualismus blieb Einstein weiterhin skeptisch und er konnte sich nie so recht damit anfreunden, dass die neue Quantenmechanik den Dualismus zum Prinzip erhob. Für Einstein musste die neue Quantenmechanik damit einfach unvollständig bleiben.

Mit der Aufstellung eines unabhängigen Arguments für den Welle-Teilchen-Dualismus der Materie endete aber die zwanzigjährige Periode Albert Einsteins wissenschaftlicher Schaffenskraft, die auch heute noch ihresgleichen sucht.

KAPITEL VIII.

Die Innsbrucker Gespräche zwischen Albert Einstein, Erwin Schrödinger und Wolfgang Pauli

Der in Wien geborene Wolfgang Pauli war zum Zeitpunkt der Innsbrucker Tagung gerade einmal 24 Jahre alt, in Physik schon seit 1924 habilitiert und galt allgemein als Wunderkind. Zu Ostern desselben Jahres war Pauli noch zu Besuch in Dänemark bei Niels Bohr, dem großen Gegenspieler Einsteins in der Auffassung, wie die Realität beschaffen sein könnte. Dort diskutierte er viel mit Bohr und seinen Mitarbeitern, unter anderem auch über dessen Auffassung der Strahlungserscheinungen. Pauli wurde von Bohr mehr überredet als davon überzeugt, den Energiesatz auf atomarer Ebene aufzugeben. Doch schon bald sollte sich Pauli selbst stark gegen diese Auffassung auflehnen.

In Innsbruck traf Wolfgang Pauli nun zum ersten Mal in seinem Leben persönlich auf Albert Einstein. Beide kannten einander schon brieflich, nachdem Lise Meitner[35] Einstein auf Pauli aufmerksam gemacht hatte.

35 Lise Meitner war zu dieser Zeit eine der wenigen Frauen in der Physik. Zusammen mit Otto Hahn entdeckte sie die Kernspaltung. Sie war, neben einer Kollegin, die einzige Frau, die 1906 an der Universität Wien in Physik promovierte.

Welche Bedeutung kann nun dieser Begegnung zwischen Albert Einstein und Wolfgang Pauli im September 1924 in Innsbruck beigemessen werden? Wolfgang Pauli hielt dieses Treffen in seinen privaten Briefen fest.

Kurz nach der Konferenz in Innsbruck schrieb Pauli an Bohr, dass er in seiner Ansicht zur Gültigkeit des Energiesatzes auf atomarer Ebene zusätzlich bestärkt wurde, da sehr viele andere Physiker, vielleicht sogar die meisten, diese Auffassung ablehnen: *„Unter diesen anderen Physikern ist vor allem Einstein, mit dem ich in Innsbruck ausführlich über diese Fragen gesprochen habe (nun ist es mir endlich einmal gelungen, ihn zu treffen!).“*

Einstein kritisierte vor allem, dass nach der Bohr'schen Quantentheorie der Strahlung die Energie- und Impulserhaltung nur noch statistische Gesetze seien. Einstein war davon überzeugt, dass die Anwendung des Energie- und des Impulsbegriffes auf die Bilanz eines einzelnen

Abbildung 6: Albert Einstein und Wolfgang Pauli 1926 (PAULI-ARCHIVE-PHO-013, photograph by Paul Ehrenfest, courtesy of CERN Archives, Geneva)

Elementarprozesses stets einen Sinn hat und die Erhaltungssätze von Energie und Impuls bei ihnen strenge Gültigkeit besitzen.

Wobei es gar nicht so sehr die von Einstein vorgebrachten Punkte waren, die Pauli bei Bohrs Auffassung der Strahlungserscheinungen störten: *„Und wenn Sie mich fragen würden, was ich über die statistische Abhängigkeit oder Unabhängigkeit der Quantenprozesse in räumlich distanten Atomen glaube, so müsste ich ehrlich antworten: Das weiß ich nicht. Der Geigersche Versuch*[36]*, der, wie ich höre, bereits in Gang gesetzt wird, wird ja diese Frage wohl bald experimentell entscheiden. Mir ist es ebenso Recht, wenn er im einen, wie wenn er im anderen Sinne ausfällt.“*

Tatsächlich bestätigte der Geiger'sche Versuch die Überzeugung Einsteins und widerlegte damit die Bohr'sche Auffassung.

Diese Erfahrung hat bei Pauli einen starken Eindruck hinterlassen und er nahm sich die Argumente Einsteins in Innsbruck sehr zu Herzen. Denn als später entdeckt wurde, dass beim *Betazerfall* die Elektronen den Atomkern mit unterschiedlicher Energie verlassen, war Pauli, im Gegensatz zu Bohr, nicht mehr bereit, den Energieerhaltungssatz für Einzelprozesse aufzugeben.

Bohr hatte ursprünglich gehofft, dass sein *Korrespondenzprinzip*[37] auch die Regeln für die energetische

36 Hans Geiger führte mit Kollegen bei Rutherford einen Versuch mit Alpha-Strahlen durch. Als Strahlenquelle diente Radium. Ein Loch ließ Alpha-Teilchen austreten, welche auf eine Goldfolie trafen. Einige Teilchen wurden aber abgelenkt und einzelne sogar zurückgeworfen, so als ob sie auf ein massives Zentrum im Inneren gestoßen wären. Dieses Zentrum im Inneren des Atoms bezeichnete Rutherford als Atomkern.

37 Damit werden die Beziehungen zwischen Begriffen der klassischen Physik und der Quantenmechanik bezeichnet.

Verteilung der Elektronen im Atom liefern würde. Am 6. Dezember 1924 schrieb Pauli kurz nach seinem Treffen mit Einstein in Innsbruck und hinsichtlich seiner weiteren Überlegungen hierzu einen Brief an Arnold Sommerfeld nach München. Darin gibt Pauli seiner Überzeugung Ausdruck, dass *„vielmehr die Zauberkraft der Quanten als das Korrespondenzprinzip von Bohr oder Stabilitätsbetrachtungen zur Erklärung des Abschlusses der Elektronengruppen im Atom beitragen werden".*

Im oben erwähnten Brief an Bohr schreibt Pauli weiter: *„Ich hätte noch andere Fragen, die ich teilweise auch mit Einstein besprochen habe, aber ich will Ihre Geduld nun nicht länger in Anspruch nehmen. Jetzt hoffe ich nur, dass es Ihnen gut geht und dass Sie die Probleme der Quantentheorie der Atome mit mehr als einem Elektron bald lösen werden."*

Was Pauli mit Einstein in Innsbruck noch besprochen hat, ist nicht weiter schwierig zu erraten: Es ging hier mit hoher Wahrscheinlichkeit auch schon um die beiden Entdeckungen, die Pauli bald nach der Innsbrucker Konferenz im Jänner 1925 publizierte und mit denen Pauli die Probleme der Quantentheorie der Atome mit mehr als einem Elektron löste.

Diese beiden Entdeckungen sind der *Elektronenspin*[38] und das *Ausschließungsprinzip*[39]. Einstein hat Pauli später für die Entdeckung des Ausschließungsprinzips für den Nobelpreis nominiert und 1945 wurde dieser Preis

38 Der Spin ist eine der grundlegenden Eigenschaften des Elektrons, jedoch eine rein quantenmechanische Größe, welche der menschlichen Anschauung nicht zugänglich ist.

39 Das Prinzip ist ein physikalisches Gesetz, das sich in der Quantenphysik auswirkt. Es besagte in der ursprünglichen Fassung, dass identische Teilchen ununterscheidbar sind.

tatsächlich an Pauli verliehen. Das *Ausschließungsprinzip* verlangt, dass sich Elektronen bei der Besetzung der Atomzustände nicht im gleichen energetischen Zustand befinden dürfen. *Eines oder keines!,* meinte Pauli und nannte die Elektronen daher auch *antisozial.*

Pauli schrieb später im Dezember 1930 in einem offenen Brief, dass er *„auf einen verzweifelten Ausweg"* verfallen sei, um den Energiesatz zu retten: *„Das kontinuierliche Betaspektrum ist verständlich unter der Annahme, dass beim Betazerfall mit dem Elektron jeweils noch ein nicht experimentell nachgewiesenes Teilchen – nämlich ein Neutrino – ausgesandt wird, derart, dass die Summe der Energien von Neutrino und Elektron konstant ist."* Das Neutrino sollte aber erst gegen Ende der 50er Jahre experimentell nachgewiesen werden. Pauli meinte dazu in seiner typischen Art: *„Wohl dem der warten kann."*

Das heißt, die Gespräche zwischen Pauli und Einstein in Innsbruck haben wohl nicht nur das berühmte Ausschlussprinzip beinhaltet, sondern wohl auch das Kernargument zur Annahme der Existenz des Neutrinos geliefert. Pauli betont in seiner Nobelpreisrede von 1945 noch einmal, dass seine Vorbereitungen dazu im Herbst 1924 ihr Ende fanden und er daraufhin die berühmt gewordene Arbeit einreichte.

Wie wichtig gerade dieses Treffen für Pauli in Innsbruck gewesen ist, wird von ihm sogar noch einmal 1955, drei Jahre vor seinem viel zu frühen Tod, in seinem Artikel *„Einsteins Beitrag zur Quantentheorie"* (1955) herausgestrichen.

Dies war aber nicht das einzige Gespräch von Bedeutung, das Albert Einstein in Innsbruck führte. Hier spielte für ihn besonders Erwin Schrödinger eine wichtige Rolle.

Erwin Schrödinger sah Einstein zum ersten Mal bei einem Vortrag in Wien im Jahre 1913 und war seitdem sehr von dessen Denkweise beeindruckt. Schrödinger und Einstein tauschten sich brieflich aus und schickten sich gegenseitig auch ihre Arbeiten zu. In Innsbruck hatten sie zudem die Gelegenheit, sich fachlich zu unterhalten. Schrödinger und Einstein waren Seelenverwandte in puncto Quantentheorie und sollten es ein Leben lang bleiben. Für Einstein war der Wiener Erwin Schrödinger ein besserer Gesprächspartner als der, wie er es ausdrückte, *steife* Heisenberg mit seiner *unappetitlichen* Matrizenmechanik.

Schrödinger erinnert sich an den Einfluss von de Broglie und die *„kurzen, jedoch unendlich weitreichenden Bemerkungen A. Einsteins"* auf die Entwicklung der Wellenmechanik aus dieser Zeit. So gehen verschiedene Autoren davon aus, dass Erwin Schrödinger aus den Innsbrucker Begegnungen mit Max Planck und Albert Einstein sicherlich wichtige Anleihen seiner späteren Arbeiten zur Quantenstatistik und Gastheorie mitnahm.

Schrödinger reichte seine erste Mitteilung über Wellenmechanik nach der Innsbrucker Tagung ein, für die er in der Folge 1933 den Nobelpreis erhielt. In der kurzen Zeit nach der Innsbrucker Tagung hat Erwin Schrödinger die Wellenmechanik sozusagen im Alleingang begründet und in sechs aufsehenerregenden Publikationen weiterentwickelt. Die offizielle erste Mitteilung wurde am 27. Januar 1926 bei den *Annalen* eingereicht. Schrödinger bat Wilhelm Wien, den Herausgeber der Annalen, seine Arbeit auch Sommerfeld vorzulegen. Sommerfeld schrieb am 3. Februar 1926 sogleich an Pauli: *„Hier ist ein Manuskript von Schrödinger für die Annalen eingelaufen.*

Schr. scheint ganz dieselben Resultate zu finden, wie Heisenberg und Sie, aber auf einem ganz anderen, total verrückten, Wege, keine Matrixalgebra, sondern Randwertaufgaben. Sicher wird aus alle dem bald in irgendeiner Form etwas Vernünftiges und Definitives entstehen." Angeblich gab es eine erste Version von Schrödingers erster Mitteilung, welche er aber zurückgezogen haben soll.

Nachdem Schrödingers erste Mitteilung erschienen war, schrieb Pauli am 12. April 1926 einen bemerkenswerten Brief an Pascual Jordan[40]: *„Ich glaube, dass diese Arbeit mit zu dem Bedeutendsten zählt, was in letzter Zeit geschrieben wurde. Lesen Sie sie sorgfältig und mit Andacht. Natürlich habe ich mich gleich gefragt, wie seine Resultate mit denen der Göttinger Mechanik zusammenhängen. Diesen Zusammenhang glaube ich jetzt vollständig verstanden zu haben."* In einem mathematischen Kraftakt konnte Wolfgang Pauli die Äquivalenz der Heisenberg'schen Matrizen- und der Schrödinger'schen Wellenmechanik sodann nachweisen.

Mit der in der Folge entwickelten Kopenhagener Deutung[41] der Quantenmechanik konnte sich Schrödinger nie wirklich anfreunden. Gemäß dieser Deutung ist der Wahrscheinlichkeitscharakter der Quantenmechanik

40 Pascual Jordan ist der unbesungene Held der Quantenmechanik. Er schrieb bahnbrechende und mathematisch pionierhafte Arbeiten ebenso zur Quantenfeldtheorie. Aufgrund seiner politischen Verwicklung mit dem Nationalsozialismus erhielt er nie einen Nobelpreis. Es war Wolfgang Pauli, welcher ihm nach dem Zweiten Weltkrieg eine Anstellung als Gastprofessor an der Universität Hamburg verschaffte. Schließlich wurde er dort 1953 ordentlicher Professor und emeritierte 1971.

41 Es gilt hier die Annahme, dass der Wahrscheinlichkeitscharakter quantentheoretischer Vorhersagen nicht Ausdruck der Unvollkommenheit der Quantentheorie ist, sondern der prinzipiell nicht vorbestimmbare Charakter der Vorgänge wie etwa der radioaktive Zerfall eines Elementes. Es wird Objekten des quantentheoretischen Formalismus, wie etwa der Wellenfunktion, keine Realität gegeben, sondern sie werden nur als Mittel zur rechnerischen Vorhersage von Messergebnissen interpretiert. Niels Bohr, Werner Heisenberg, Max Born, Wolfgang Pauli, Paul A. M. Dirac, Pascual Jordan, Carl Friedrich von Weizsäcker und andere vertraten diese Position.

nicht Ausdruck ihrer Unvollkommenheit, sondern ein Prinzip aller Naturvorgänge. Gleich wie Einstein war es ihm unmöglich, den Realitätsbegriff aufzugeben, welcher der klassischen Physik zugrunde liegt.

Bis in unsere Zeit herein haben die Physiker ein gespaltenes Verhältnis zur Quantenmechanik beibehalten. Wohl wissend, dass die Grundmauern der Quantenmechanik instabil sind, kamen sie dennoch in seltener Einigkeit darüber überein, nicht davon zu sprechen.

Als beispielsweise David Bohm und Hugh Everett in der Folgezeit alternative Interpretationen zur Deutung der Quantenmechanik vorschlugen, wurden sie einfach *per Dekret* ignoriert. So meinte Oppenheimer[42] zur Theo-

42 Robert Oppenheimer hatte 1925, wie man im herausgegebenen wissenschaftlichen Briefwechsel (1919–1929) von Wolfgang Pauli nachlesen kann, seinen Bachelor in Harvard mit summa cum laude erhalten. Anschließend ging er nach Europa. Nach einem Aufenthalt in Cambridge ging er 1926 zu Max Born nach Göttingen, welcher durch seine Vortragsreise in Amerika viele Anhänger für die neue Quantenmechanik erworben hatte. Sehr schnell erfolgten während dieser Zeit Oppenheimers erste Veröffentlichungen und Ende 1926 konnte er schon seine Dissertationsarbeit abschließen. Mit Max Born entstand dabei die wichtige Abhandlung zur Quantentheorie der Moleküle, die heute noch als Born-Oppenheimer-Methode (eine Näherung zur Vereinfachung der Schrödingergleichung) bekannt ist. Oppenheimer war als Mensch schwierig. Wolfgang Pauli verfasste hierzu ein sehr treffendes Psychogramm, welches weiter hinten angeführt ist und uns eine zeitnahe Beschreibung seiner Person bietet.
Nach Rückkehr aus den USA 1928 ging Oppenheimer zu Paul Ehrenfest nach Leiden und Anfang 1929 zu Pauli nach Zürich. In Zürich konnte Oppenheimer seinem großen Interesse an den Grundlagenfragen der theoretischen Physik nachgehen. Das in seiner Dissertation angegangene Problem der Strahlungseffekte wurde von ihm nun mit der Quantenfeldtheorie in Zusammenhang gebracht. Nach seiner neuerlichen Rückkehr in die Vereinigten Staaten wurde Berkeley zu einem wichtigen Zentrum der theoretischen Physik. Oppenheimer konnte etwa zeigen, dass die Pauli-Heisenberg'sche Quantenfeldtheorie nicht für die Fragen der Kernstruktur angewendet werden konnte. Oppenheimer und Paul Ehrenfest verfassten zusammen eine Untersuchung zur Kernstatistik, welche aufzeigte, dass Elektronen nicht Bestandteil der Kerne sind. Diese Arbeit war von großer Bedeutung für Paulis Neutrino-Hypothese. Im Übrigen arbeitete Oppenheimer, zusammen mit Wolfgang Pauli, an der weiteren Entwicklung der Quantenelektrodynamik (die physikalische Beschreibung der Wechselwirkung zwischen Licht und Materie) und lieferte wertvolle Beiträge hierzu.

rie Bohms: *„Wenn wir seine Theorie schon nicht widerlegen können, so kommen wir zumindest darüber überein nicht über sie zu sprechen."*

Nicht besser erging es Hugh Everett. Trotz der Fürsprache von John Wheeler, der Everetts Ansatz vor Niels Bohr in Kopenhagen vorbrachte, wurde ebenso darüber geschwiegen, ja mitunter wurde er nicht einmal zur Kenntnis genommen. Enttäuscht darüber beschäftigte sich Everett nie wieder mit Quantenmechanik.

Geblieben ist Schrödingers mathematisch ausformulierte Theorie der Wellenmechanik. An dieser Theorie hat sich bis heute nichts geändert und sie wird weiterhin an allen Universitäten der Welt unterrichtet.

Allerdings gewinnen die Ansätze von Bohm und Everett in der heutigen Zeit wieder an Aktualität, da die Physik in eine *theoretische Sackgasse* geraten ist und seit den frühen 30er Jahren keine nennenswerten Weiterentwicklungen in der Quantenmechanik mehr stattgefunden haben. Die Entdeckung des Higgs-Teilchens geht auf theoretische Berechnungen der 50er und 60er Jahre zurück, jedoch wird dieser Nachweis teilweise angezweifelt, da die Datenlage nicht transparent ist. Das bisherige Standardmodell der Physik, die Theorie, wie die Materie aufgebaut sein soll, beginnt immer mehr Gegner zu haben.

Es scheint also zu sein, wie Albert Einstein es bereits vor 100 Jahren vermutete: Die Quantenmechanik ist keine vollständige Theorie der Natur.

Die theoretischen Ansätze der letzten Jahre, wie etwa *Quantenschleifengravitation* oder *Stringtheorien*, werden von Kritikern als mathematische *Akrobatik* bezeichnet, die aber zu keinen weiteren Einsichten führte. Eine experimentelle Prüfung dieser Ansätze ist ausgeschlossen, da sie auf reiner Mathematik beruhen. Es wird daher seit Jahren von einem Theorienstau gesprochen und das breite Ignorieren früherer Ideen scheint der Physik, so einige Kritiker, nicht besonders gut zu bekommen.

KAPITEL IX.

Die Wiederentdeckung eines österreichischen Physikgenies – Wolfgang Pauli

Wolfgang Pauli war bis 2022 der letzte österreichische Physiknobelpreisträger. Seine 1945 mit dem Nobelpreis ausgezeichnete wissenschaftliche Arbeit (das sog. Ausschließungsprinzip vom Frühjahr 1925) bereitete er, wie oben beschrieben, im Jahr 1924 und insbesondere in den Monaten vor, während und sehr kurz nach der Innsbrucker Tagung vor. Die später berühmt gewordene Arbeit wurde im Jänner 1925 eingereicht.

Wolfgang Pauli ist aber bis heute leider der große, unbekannte *geistige Sohn* Albert Einsteins geblieben. Der Name Wolfgang Pauli ist tatsächlich in der Öffentlichkeit weitestgehend unbekannt. Dirac, Heisenberg, Planck, Schrödinger, Jordan, Bohr und Einstein sind hingegen wesentlich bekanntere Namen. Dies mag auch damit zusammenhängen, dass Wolfgang Pauli als Person wie auch als Wissenschaftler nicht einfach zugänglich gewesen ist und sich ein Großteil seiner wissenschaftlichen Beiträge, auf unterschiedlichsten Gebieten wie auch der Psychologie, fast nur mittels seiner umfangreichen Briefkorrespondenz erschließen lässt.

Sein mathematischer Scharfblick, so Jordan, zeigte sich auch dann, als der matrizentheoretischen Quantenmechanik von Heisenberg die Wellenmechanik von Schrödinger zur Seite trat. Nur in einem seiner Briefe erläuterte Pauli in klarer Weise die mathematische Äquivalenz der beiden Theorien von Heisenberg und Schrödinger. Dieses Ergebnis *Paulischer* Mathematik ist jedoch nicht veröffentlicht worden, da Schrödinger selbst ebenfalls zu dieser Feststellung kam und sie in einer seiner berühmten Abhandlungen vortrug. Im Übrigen waren Schrödinger und Pauli miteinander herzlichst verbunden.

Erst in den letzten Jahren, mehr als 45 Jahre nach seinem viel zu frühen Tod im Jahre 1958, sind erste Nachzeichnungen seiner Biografie veröffentlicht worden. Die Gesamtausgabe seiner *Wissenschaftlichen Briefwechsel* liegt erst seit wenigen Jahren vollständig gedruckt vor und harrt weiterer Aufarbeitungen.

Er gehörte, wie Pascual Jordan meinte, zu den ganz wenigen Physikern, deren Forschungsarbeit sowohl die Quantentheorie als auch die Relativitätstheorie wesentlich gefördert hat. Pascual Jordan führt weiter aus, dass *„seine (Paulis) Meisterschaft, die er so früh im Felde der Relativitätstheorie erworben hatte, nicht verlorengegangen ist, als er in den nachfolgenden Jahren die damals in den Vordergrund getretene Quantentheorie zu seinem Hauptarbeitsgebiet machte. Er hat auch später noch in den Fragenkreis der Relativitätstheorie eingegriffen, sobald er darin wirklich lebendige, bedeutungsvolle neue Fragestellungen auftauchen sah."*

Wer aber war jener österreichische Wissenschaftler, über den Albert Einstein 1945 etwa in Princeton sagte, er sehe Pauli (1900–1958) als seinen geistigen Nachfolger, er *„verstünde die Physik am besten von allen"*, und von dem Heisenberg meinte: *„Ich habe nie eine Arbeit veröffentlicht, ohne dass Pauli sie vorher gelesen hatte."*

Aus gegebenem Anlass sollen hier noch einige ergänzende Punkte zu Wolfgang Pauli angeführt werden.

Wolfgang Paulis Beiträge wirken bis heute in der Physik. Er kann auch aus heutiger Sicht als wahres Wunderkind bezeichnet werden. Dazu meinte er selbst einmal: *„Das Wunder ist gegangen und das Kind geblieben."*

Pascual Jordan und anderen zufolge hatte der damals noch in Wien lebende, zwölfjährige Pauli einmal gebeten, eine Vorlesungsstunde des berühmten Professors Sommerfeld über theoretische Physik im Jahre 1912 mithören zu dürfen. Dieser befragte ihn hinterher, *„ob er denn die Vorlesung verstanden habe"*. *„Ja"*, sagte der kleine Pauli, *„nur das nicht, was Sie da oben links angeschrieben haben."* Sinnend betrachtete Sommerfeld noch einmal die Tafel. Dann sagte er: *„Dort habe ich tatsächlich einen Fehler gemacht."*

Bereits mit 13 las er Werke von Leonhard Euler und Ernst Mach (sein Taufpate und Freund seines Vaters). Einstein studierte er während des Schulunterrichts, was auf Kosten des normalen Schulstoffs ging. Trotzdem schaffte er im Juli 1918 sein Abitur mit Auszeichnung.

So schrieb bereits Arnold Sommerfeld, Paulis Lehrer in München, am 14. Januar 1919 (Paulis erstes Physiksemester): *„Von der Wiener Intelligenz habe ich eine geradezu erstaunliche Probe in dem jungen Pauli um mich, Sohn des Wiener medizinischen Chemikers. Ein erstes Semester! Seine Begabung geht selbst über die von Debye um ein Vielfaches hinaus."*[43]

43 Sommerfeld Briefe 1919–1925.

Und es sollten noch viele Meisterleistungen von Wolfgang Pauli in der Physik folgen. Er wurde später zum *Gewissen der Physik.*

Schon in dieser Zeit schrieb er seine erste physikalisch-mathematische Abhandlung, in der er sich mit der erweiterten Gravitationstheorie des Dogen der deutschen Mathematik – Hermann Weyl (1885–1955), seinem späteren Kollegen in Zürich und Princeton – auseinandersetzte.

Als Wolfgang Pauli nach seinem Abitur am Gymnasium in Wien-Döbling im Oktober 1918 zum Studium nach München kam, *„war er schon im vollen Besitz der mathematischen und mathematisch-physikalischen Methoden"*, wie Arnold Sommerfeld feststellte: *„Er brachte gleich eine fertige Arbeit zur Allgemeinen Relativitätstheorie mit, die sofort Einsteins Aufmerksamkeit und Bewunderung erregte."* Sommerfeld konnte ihm eigentlich nichts mehr beibringen.

Einstein selbst meinte dazu: *„Wer dieses reife und groß angelegte Werk studiert, möchte nicht glauben, dass der Verfasser ein Mann von 21 Jahren ist. Man weiß nicht, was man am meisten bewundern soll, das psychologische Verständnis für die Ideenentwicklung, die Sicherheit der mathematischen Deduktion, den tiefen physikalischen Blick, das Vermögen übersichtlicher systematischer Darstellung, die Literaturkenntnis, die sachliche Vollständigkeit, die Sicherheit der Kritik."*

Diese besagte Arbeit wurde in der *Enzyklopädie der mathematischen Wissenschaften* veröffentlicht und später auch in Buchform mit über 260 Seiten mehrfach in verschiedenen Sprachen herausgegeben. Diese Arbeit machte ihn in der Sommerfeld-Schule zur Legende. Wolfgang Pauli warf sich später allerdings vor, wichtige Dinge, die in der Allgemeinen Relativitätstheorie die Energieerhaltung ausdrücken, übersehen zu haben.

Selbst Hermann Weyl[44] schrieb Wolfgang Pauli im Mai 1919 persönlich dazu: „... *wie Sie es allerdings fertig gebracht haben, sich in so jungen Jahren in den Besitz all der Erkenntnismittel zu setzen und diejenige Freiheit des Denkens zu erwerben, die nötig ist, um sich die Relativitätstheorie zu eigen zu machen, ist mir nahezu unbegreiflich.*"

Wolfgang Pauli liebte es zu scherzen, auch wenn sein Humor manchmal beißend war. So unterhielt er sich mit Paul Ehrenfest, der wie er einen Artikel in der Enzyklopädie der mathematischen Wissenschaften veröffentlicht hatte, über den besagten Artikel:

Ehrenfest: „*Herr Pauli, Ihr Enzyklopädie Artikel gefällt mir besser als Sie selbst!*" Pauli: „*Das ist doch komisch, mir geht es mit Ihnen gerade umgekehrt!*"

Wolfgang Pauli war nicht zu korrumpieren. Er war immer schonungslos ehrlich. So berichtete sein Assistent, Victor Weiskopf, etwa: „*Es war absolut großartig, für Wolfgang Pauli zu arbeiten. Du könntest ihn alles fragen. Es gab keine Sorge, dass er eine bestimmte Frage für dumm halten würde, da er alle Fragen für dumm hielt.*"

Auch Autoritäten waren vor Paulis Kritik nicht sicher. So schrieb er 1931 über einen weiteren Versuch Einsteins zu einer einheitlichen Feldtheorie: „... *Es ist schon eine*

44 Hermann Weyl war der legitime Nachfolger von David Hilbert in Göttingen. Aber schon 1933 sah er sich außerstande in Deutschland weiter zu lehren, da seine Frau Jüdin war. Aufgrund einer Vermittlung durch Einstein nahm er eine Stellung am Institute for Advanced Study in Princeton an. Seine letzten Jahre verbrachte er aber wieder in den Schweiz.

kühne Tat der Redaktion, ein Referat über eine neue Feldtheorie Einsteins unter die Ergebnisse der exakten Naturwissenschaften aufzunehmen. Beschert uns doch seine nie versagende Erfindungsgabe sowie seine hartnäckige Energie beim Verfolgen eines bestimmten Zieles in letzter Zeit durchschnittlich etwa eine solche Theorie pro Jahr – wobei es psychologisch interessant ist, dass die jeweilige Theorie vom Autor gewöhnlich eine Zeitlang als die ‚definitive Lösung' betrachtet wird."

Wolfgang Pauli war ein ausgesprochener *Nacht- und Stadtmensch*. Er war schon in seiner Studienzeit bekannt dafür, dass er sich gerne bis spät in die Nacht in verschiedenen Kneipen herumtrieb und deswegen erst spät am nächsten Morgen zur Arbeit erschien.

So schrieb der *Naturbursch* Heisenberg im Nachfeld der Innsbrucker Tagung am 30. September 1924 aus Kopenhagen an Pauli: *„... Hoffentlich haben Sie sich in Innsbruck erholt und hoffentlich haben die schönen Berge doch manchmal den Sieg über ihre Liebe zu den Kinos und Kaffees errungen ..."*

Wir dürfen aber eher davon ausgehen, dass dem nicht so war, denn Wolfgang Pauli war bereits seit Anfang der 1920er Jahre für seine nächtlichen Kneipenbesuche und dazugehörenden Handgemenge bekannt geworden. Dabei war ihm die Physik aber immer eines seiner wichtigsten Interessen. So vermerkte etwa Max Born zu seinen Wanderungen in den Tiroler Alpen (Ehrwald etc.), dass Pauli völlig unbeeindruckt von der Tiroler Natur war und fortwährend mit ihm nur „schwere" physikalische Probleme diskutierte.

In seiner Jugendzeit war Pauli strikter Abstinenzler gewesen. Während seiner Hamburger Zeit kam er jedoch auf den Geschmack, wozu er später meinte: *„Als ich nach Hamburg kam, wechselte ich unter dem Einfluss von Stern direkt vom Mineralwasser zum Champagner."*

Sein Göttinger Mentor Max Born schrieb weiters über seinen ehemaligen Assistenten an Einstein: *„Der Bericht über den kleinen Pauli ist nicht ganz vollständig. Ich erinnere mich, dass er lange zu schlafen liebte und mehr als einmal die Vorlesung um 11 Uhr verpasste. Wir schickten dann unser Hausmädchen um halb 11 zu ihm, um sicher zu sein, dass er auf sei. Er war ohne Zweifel ein Genius ersten Ranges …"*

Die Universität Hamburg profitierte vor allem in den 20er Jahren von der Nähe der beiden Zentren für theoretische Physik, Kopenhagen und Göttingen. Im Sommersemester 1922 war Wolfgang Pauli als *„wissenschaftlicher Hilfsarbeiter"*, d. h. als Assistent zu seinem Freund Wilhelm Lenz gestoßen. Nach dem Studienaufenthalt in Kopenhagen habilitierte sich Pauli 1924 in Hamburg. Im selben Jahr entdeckte er das *Ausschließungsprinzip*.

Ein einschneidendes Ereignis war für den jungen Assistenten Pauli die Teilnahme an den berühmten *Bohr-Festspielen* (Niels Bohrs Vortragsreihe über Atomphysik) im Juni 1922. Hier lernte Pauli Niels Bohr kennen, der ihn an sein Institut nach Kopenhagen einlud. Bohr wirkte dank seiner Persönlichkeit als Integrationsfigur eines großen Kreises jüngerer Atomphysiker, welche die Quantentheorie in fruchtbaren Gesprächen weiterentwickelten.

Wolfgang Pauli verbrachte 1922/23 ein Studienjahr am Kopenhagener Institut und blieb von da an in lebenslangem Kontakt und tiefer Freundschaft mit Bohr verbunden.

Danach befasste sich Pauli mit einem Artikel über Quantentheorie im Handbuch der Physik. In der Zwischenzeit begründete Werner Heisenberg die neue Quantenmechanik, der sich Pauli 1926 ebenfalls zuwandte.

Es folgten die Auseinandersetzungen um den Elektronenspin und schließlich 1927 die regen Gespräche mit Niels Bohr und Werner Heisenberg um die „Lösung des Quantenrätsels", wie es Pauli in einem Brief an Bohr nannte.

Die Ergebnisse, die sogenannte *Kopenhagener Deutung* der Quantentheorie, wurden im Spätsommer 1927 während der internationalen Konferenzen in Como und Brüssel vorgestellt und ausführlich diskutiert.

Im November 1945 wurde Wolfgang Pauli der Nobelpreis für Physik für seine herausragende Arbeit vom Jänner 1925 zugesprochen. Dieses Ereignis wurde in Princeton mit Begeisterung aufgenommen, denn Pauli war der erste Mitarbeiter des Instituts, der während seiner aktiven Zeit in Princeton diese höchsten Weihen erhielt. Die Kollegen veranstalteten eine große offizielle Feier für ihn, zu der viele Persönlichkeiten eingeladen wurden. Absoluter Höhepunkt war die, weiter oben genannte, spontane Rede von Albert Einstein, in der er Pauli als seinen geistigen Nachfolger bezeichnete. Einstein meinte, dass er die Physik am besten von allen verstehe.

Nach einer ersten Ehe von nur kurzer Dauer heiratete er 1934 Franziska Bertram (deren Eltern in Tirol, in Kufstein, ansässig waren), die ihm die Hilfe und das Verständnis entgegenbrachte, die er brauchte, und ihm besonders in seinen späteren Lebensjahren die Schwierigkeiten des praktischen Lebens weitgehend aus dem Weg räumte.

Aus der Ehe gingen keine Kinder hervor. Wolfgang Pauli hatte nach dem Selbstmord seiner Mutter ein *ambivalentes Verhältnis* zu seinem Vater, welches er auf ganz Österreich ausdehnte, wie Hans Thirring einmal bemerkte.

Wolfgang Pauli korrespondierte über viele Jahre hinweg mit C. G. Jung und war auch bei einer seiner Assistentinnen (der englischen Ärztin Erna Rosenbaum[45]) in Therapie. Es folgte eine Zusammenarbeit zwischen C. G. Jung und Wolfgang Pauli, die sogar bis zu einer gemeinsamen Veröffentlichung führte (Naturerklärung und Psyche, Rascher Verlag, Zürich 1952). Sein Interesse an der Psychologie zeigte sich schon in dieser Zeit, wie etwa in einer frühen Personenbeschreibung des jungen J. Robert Oppenheimer, als dieser 1929 bei ihm am Institut in Zürich verweilte.

Insbesondere gibt diese Beschreibung einen kleinen Eindruck davon, wie so mancher Zeitgenosse seine Schwierigkeiten mit der Person Oppenheimer hatte. Wolfgang Pauli lernte Oppenheimer als jungen Studenten kennen und nannte ihn, aufgrund seiner Auffälligkeiten, den „Hm-hm-hm-Mann", da er *elegant* stotterte. Wolfgang Pauli schrieb am 15. Februar 1929 an seinen Freund Paul Ehrenfest nach Leiden:

„Lieber Herr Ehrenfest!

Ich will nun doch endlich meinen bereits seit langem gefassten Vorsatz ausführen, Ihr Schreiben, das Sie Oppen-

45 Es gibt Hinweise darauf, dass Pauli sich in der Therapie bei Erna Rosenbaum auffällig „gebärdete" und diese von C. G. Jung zum Weitermachen motiviert werden musste. Schließlich war C. G. Jung am Traummaterial von Wolfgang Pauli äußerst interessiert für seine eigenen Studien.

heimer mitgegeben haben, zu beantworten. Zunächst hat mich Ihr Bedürfnis, mir eine Liste von Physikern zu schicken, die Oppenheimer lieben, (primo loco: Dirac, secundo und tertio loco: Uhlenbeck und Goudsmit) sehr amüsiert. Es liegt nahe, dieses mit der Tatsache in Verbindung zu bringen, dass Sie selbst sich nicht auf dieser Liste befinden. Nun, ich befinde mich sicher auch nicht auf dieser Liste, aber wohl glaube ich, dass Oppenheimer sich in Zürich ganz wohl fühlt, dass er hier bei uns gut arbeiten kann und dass sich wissenschaftlich doch noch so manches Gute aus ihm herausholen lassen wird. Seine Stärke ist, dass er viele und gute Ideen, überhaupt viel Fantasie hat. Seine Schwäche, dass er sich viel zu rasch mit mangelhaft begründeten Behauptungen begnügt, seine eigenen, oft recht interessanten Fragen, aus Mangel an Ausdauer und Gründlichkeit nicht beantwortet (oder nur provisorisch und oft falsch beantwortet) und seine Probleme nur halbverdaut im Stadium der Mutmaßung, des Glaubens oder Unglaubens lässt, statt sie wirklich durchzuführen und durchzudenken. Ich hoffe aber bestimmt, dass sich das im Lauf der Zeit durch energisches Zureden bei ihm stark bessern lässt, er hat viel guten Willen und ist nicht eigensinnig. Da er sich für Leitfähigkeitsfragen interessiert, diskutiert er viel mit Herrn Bloch (meinem jetzigen Assistenten). Dieser hat viel weniger Ideen als Oppenheimer, ist aber ungeheuer klar und gründlich, hat auch ein sehr gutes technisches Können. So ist das ein gutes Gespann und beide haben, glaube ich, viel geistigen Gewinn von diesen Diskussionen. Leider hat Oppenheimer eine sehr schlechte Eigenschaft: er steht mir mit einem ziemlich unbedingten Autoritätsglauben gegenüber und sieht alles, was ich sage, (wenigstens in sehr hoher Näherung) als letzte und endgültige Wahrheit an. Wohl weiß ich, wie das Bedürfnis nach fremden Autoritäten bei ihm zustande kommt. Die sollen ihm seine Probleme lösen und seine Fragen beantworten, damit er es selbst nicht zu tun braucht. (Dieser Zusammenhang ist ihm natürlich nicht bewusst klar, sondern nur im Unterbewusstsein bei ihm latent.) Aber wie ich ihm das abgewöhnen soll, weiß ich nicht. Vergebens weise ich auf gut dokumentierte Fälle hin, wo ich etwas unrichtiges behauptet und mich offenbar geirrt habe! – Zunächst helfe ich mir so, dass ich, bevor er sich nicht wirklich eingehend mit einer von ihm gestellten Frage befasst hat, statt oberflächlich irgendetwas zu glauben, es womöglich überhaupt vermeide, irgendwelche Ansichten oder Meinungen über diese Frage zu äußern. Eines aber hoffe ich, bald erreicht zu haben: dass Oppenheimer, wenigstens im Umgang mit mir, meine Umgangsformen annimmt! Das ist unbedingt nötig, wenn ich [mich] nicht für einen kleinen Schurken halten soll. Denn meine Ansicht von der formalen Höflichkeit als von der großen Ketzerei, die aus dem Verkehr der Menschen untereinander rücksichtslos ausgerottet werden muss, ist bei mir ein unerschütterliches Dogma! Für Rückäußerung und Ratschläge aus dem Schatz Ihrer (im Vergleich zu meiner) großen pädagogischen Erfahrung, wäre ich daher dankbar …"

Besonders hatte Max Born, wie erwähnt, unter der Kritik Paulis zu leiden. Hier darf vielleicht ein kleines Beispiel erwähnt werden. Bei einer üblichen Buchbesprechung soll ja immer auch etwas Positives stehen. So schrieb Wolfgang Pauli bei einer Buchbesprechung Borns: *„Druck und Paginierung waren wie immer von hervorragender Qualität"*, da Pauli ansonsten wenig von Borns Buch hielt. Hier sei vielleicht noch ein kleiner Einschub erlaubt.

Born litt mitunter auch unter dem jungen Studenten Robert J. Oppenheimer. Dabei zweifelte Born aber nicht an Oppenheimers brillanter Begabung. Im Gegenteil! Oppenheimers Dissertation erhielt von Born sogar die Bestnote. Als Abschiedsgeschenk überreichte der oft sehr großzügige Oppenheimer seinem Doktorvater Max Born die Erstausgabe der berühmten mathematischen Abhandlung Mécanique analytique von Joseph-Louis Lagrange, dem Verfasser der Variationsrechnung, eines von Born sehr häufig gebrauchten mathematischen Hilfsmitteln.

Zwei Semester lang, von 1926 an, verbrachte Oppenheimer viele Stunden in seinem Haus. Born erlebte ihn als äußerst nervös, angespannt, verkrampft und heftig – als jemand, mit dem man nur schwer auskommt. Oppenheimer schwankte für ihn zwischen Anmaßung und unangenehmer Bescheidenheit. Oppenheimer nahm Born derart in Anspruch, dass ihm kaum noch Zeit für andere Studenten blieb. Oppenheimer hatte tadellose Manieren, war gebildet, zugleich arrogant und scharfsinnig, wie auch in der Max-Born-Biografie nachzulesen ist. Oppenheimer nahm an Borns Seminaren teil. Einige seiner Mitstudenten, die er durch sein schnelles Denken einschüchterte, sahen ihn als das Zentrum der Gruppe. Manche Mitstudenten, die an seiner vernichtenden Herablassung zu leiden hatten, wenn er eine ihrer Bemerkungen für trivial hielt, mieden seine Nähe.

Für Born war sich Oppenheimer seiner Überlegenheit auf eine Weise bewusst, welche peinlich war. Dies machte ihn nicht beliebter, auch wenn er gewöhnlich Recht hatte. Oppenheimer unterbrach die anderen Vortragenden, ging an die Tafel, nahm die Kreide und erklärte, dass man dies viel besser lösen könnte. Born konnte Oppenheimer aber keine Grenzen setzen. Dann drohten die Teilnehmer an, das Seminar zu boykottieren, wenn die Unterbrechungen nicht aufhörten. Ein dazu verfasstes Warnschriftstück der Teilnehmer legte Born auf sein Pult, so dass Oppenheimer es lesen konnte. Als Born absichtlich den Raum verließ und zurückkam, war Oppenheimer blass und nicht mehr redselig. Danach hörten die Unterbrechungen im Seminar völlig auf.

Born schrieb kurz nach Oppenheimers Weggang von Göttingen, ohne Wissen seiner Sekretärin, handschriftlich an Paul Ehrenfest: *„Herr Oppenheimer, der lange bei mir war, ist jetzt bei Ihnen. Ich möchte wissen, was Sie von ihm halten. Ihr Urteil wird nicht dadurch beeinflusst werden, wenn ich offen sage, dass ich noch nie unter einem Menschen so gelitten habe, wie unter diesem. Er ist zweifellos sehr begabt, aber völlig ohne geistige Disziplin. Bei äußerer Bescheidenheit ist er innerlich ungemein anmaßend. Durch seine Art, alles besser zu wissen und jeden Gedanken, den man ihm sagt, fortzusetzen, hat er uns alle 3/4 Jahre lang völlig lahmgelegt. Ich atme auf, seit er fort ist und beginne wieder Mut zur Arbeit zu fassen. Meinen jungen Leuten geht es ebenso. Lassen Sie sich nicht darauf ein, ihn auf längere Zeit zu behalten. – Halt, Sie sollen ja selbst mir Ihre Meinung sagen. Vielleicht bin ich nur nervös geworden."*

Born erfuhr von Ehrenfest aber, dass er mit Oppenheimer gut auskam. Aber das konnte Born nicht nachvollziehen und er antwortete: *„Ihre Auskunft über Oppenheimer war mir sehr wertvoll. Ich weiß, dass er ein feiner, anständiger Mensch ist, aber was kann man dafür, wenn er einem auf die Nerven geht? Ich bin nahezu seelisch ruiniert* *worden durch diesen Mann, obwohl ich sonst nicht sonderlich ‚mimosenhaft' bin. Also: ich warne Sie vor längerem Zusammensein mit ihm."*

Was viele Jahrzehnte hindurch unbekannt blieb, war die Tatsache, dass Wolfgang Pauli seine Träume C. G. Jung zur Verfügung stellte, die dieser dann in seine Werke einfließen ließ (C. G. Jung: Psychologie und Alchemie). Wolfgang Pauli wollte verständlicherweise nicht, dass dies zu seinen Lebzeiten bekannt werde.

Viele Briefe Paulis wurden nach seinem Tod von seiner Frau vernichtet, welche peinlich darauf bedacht war, dass kompromittierende Details aus seinem Leben gefiltert wurden. So verhält es sich auch mit Tonaufnahmen von Konferenzen von ihm, die bis heute von seinem damaligen Assistenten Charles Enz (noch) nicht freigegeben wurden.

Abbildung 7: Der Grabstein von Wolfgang Pauli, Zollikon bei Zürich (Privataufnahme durch den Autor)

Am 15. Dezember 1958 starb Wolfgang Pauli in Zürich viel zu früh an einem inoperablen und schon weit ausgedehnten Pankreas-Karzinom im Alter von nur 58 Jahren. Er wurde in Zollikon bei Zürich begraben (Abb. 7).[46]

Wolfgang Paulis Errungenschaften beeinflussen die Physik bis heute. Nach heutigem Wissensstand scheint etwa die Entdeckung des *Tetra-Neutrons*[47] auf eine Verletzung des Pauli-Verbots hinzuweisen und das sogenannte *Pauli-Blocking*[48], mit dem es unter Umständen möglich ist, Materie unsichtbar werden zu lassen, konnte 2021 nunmehr experimentell nachgewiesen werden. Die theoretische Vorhersage hierzu erfolgte bereits in den 1970er Jahren des letzten Jahrhunderts.

46 Interessanterweise kümmerte sich die österreichische Wissenschaft bis heute nicht sehr viel um das Grab Wolfgang Paulis. Das Grab sollte schon vor einiger Zeit aufgelassen werden, da es keine Verwandten mehr gab. Nur der zuständige Friedhofsverwalter sprach sich dagegen aus, da es sich um einen Nobelpreisträger handelte.

47 Ein hypothetisch postuliertes Teilchen, das aus vier Neutronen bestehen soll.

48 Der Effekt tritt auf, wenn bestimmte Atome in einem Quantengas nicht in der Lage sind, in andere Quantenzustände überzugehen.

LITERATURVERZEICHNIS

88. Versammlung deutscher Naturforscher und Ärzte. Innsbruck, 21.–27. September 1924. (1924). *Angewandte Chemie, 37* (41), 781–822. https://doi.org/10.1002/ange.19240374102

H. Atmanspacher, H. Primas, E. Wertenschlag-Birkhäuser (Hrsg.) (1995). *Der Pauli-Jung-Dialog und seine Bedeutung für die moderne Wissenschaft.* Springer, Berlin.

Arbeiterkammer (2021, January 1). *Tirol in den 1920er Jahren.* Retrieved August 22, 2023, from Portal der Arbeiterkammern und des ÖGB Verlags website: https://emedien.arbeiterkammer.at/viewer/fullscreen/1623222265788/1/LOG_0003/

Bird, K. & Sherwin, Martin J. (2005). *American Prometheus: The Triumph and Tragedy of J. Robert Oppenheimer.* ScandBook. Atlantic Books.

Cap, F. (2016, October 27). Geschichte – Universität Innsbruck. Retrieved August 22, 2023, from Universität Innsbruck website: https://www.uibk.ac.at/th-physik/geschichte.html.de

Carroll, S. (2019). *Something deeply hidden: Quantum worlds and the emergence of spacetime.* London: Penguin.

Enz, C. P. (2005). *„Pauli hat gesagt": Eine Biografie des Nobelpreisträgers Wolfgang Pauli 1900–1958.* Zürich: Neue Zürcher Zeitung.

Enz, C. P. (2010). *No Time to be Brief: A Scientific Biography of Wolfgang Pauli.* Oxford: Oxford University Press on Demand.

Fischer, E. P. (2000). *An den Grenzen des Denkens: Wolfgang Pauli – Ein Nobelpreisträger über die Nachtseiten der Wissenschaft.* Freiburg: Herder.

Fischer, E. P. (2004). *Brücken zum Kosmos: Wolfgang Pauli – Denkstoffe und Nachtträume zwischen Kernphysik und Weltharmonie.* Lengwil: Libelle.

Fölsing, A. (1993). *Albert Einstein: Eine Biographie.* Berlin: Suhrkamp.

Fölsing, A. (1995). *Wilhelm Conrad Röntgen: Aufbruch ins Innere der Materie.* München: Hanser.

Giacomuzzi, S., Springer, P., Stöhr, B., & Schreder, J. G. (1998). Gustav Kaiser an early Austrian Röntgen Pioneer: A Late Appreciation. *Berichte Des Naturwissenschaftlich-Medizinischen Vereins in Innsbruck, 85,* 363–368.

Gibitz, H. J. (1982). DIE VERSAMMLUNGEN DEUTSCHER NATURFORSCHER UND ÄRZTE 1822–1980. *Berichte Der Naturwissenschaftlich-Medizinischen Vereinigung in Salzburg, 6,* 161–164.

Goldsmith, B. (2011). *Marie Curie: Die erste Frau der Wissenschaft*. München: Piper.

Greenspan, N. (2011). *Max Born – Baumeister der Quantenwelt: Eine Biographie*. Heidelberg: Spektrum.

Heering, P. (2022, January 12). Projekt Storytelling in den Naturwissenschaften – Europa-Universität Flensburg (EUF). Retrieved August 22, 2023, from Europa-Universität Flensburg website: https://www.science-story-telling.eu/

Helmholtz, H. (2018, June 11). Vorträge und Reden: Helmholtz, Hermann von: Free Download, Borrow, and Streaming: Internet Archive. Retrieved August 22, 2023, from Internet Archive website: https://archive.org/details/vortrgeundreden02helmgoog

Hermann, A., Meyenn, K., Weisskopf, V. F. (Hrsg.) (1979). *Wissenschaftlicher Briefwechsel mit Bohr, Einstein, Heisenberg u. a.* Band 1: 1919–1929. Sources in the History of Mathematics and Physical Sciences, Springer, Berlin, Heidelberg.

Hürter, T. (2021). *Das Zeitalter der Unschärfe: Die glänzenden und die dunklen Jahre der Physik 1895–1945*. Stuttgart: Klett-Cotta.

Jayawardhana, R. (2013). *Neutrino Hunters: The Thrilling Chase for a Ghostly Particle to Unlock the Secrets of the Universe*. Scientific American / Farrar, Straus and Giroux S. 6 ff.

Jordan, Pascual (1973). *Erinnerungen an Wolfgang Pauli*. Physikalische Blätter 29. Jahrgang Juli 1973, Heft 7.

Kerner, C. (1995). *Lise, Atomphysikerin: Die Lebensgeschichte der Lise Meitner*. Weinheim: Beltz.

Kleikamp, A. (2020, March 5). Atomspion Klaus Fuchs: „Der gefährlichste Mann in Großbritannien". *Welt*. Retrieved from https://www.welt.de/geschichte/article206323455/Atomspion-Klaus-Fuchs-Der-gefaehrlichste-Mann-in-Grossbritannien.html

Leopoldina. (2023). Mitglieder. Retrieved August 22, 2023, from Nationale Akademie der Wissenschaften Leopoldina website: https://www.leopoldina.org/mitgliederverzeichnis/mitglieder/member/Member/show/prince-louis-victor-de-broglie/

Meyenn, K. (2010). *Eine Entdeckung von ganz außerordentlicher Tragweite: Schrödingers Briefwechsel zur Wellenmechanik und zum Katzenparadoxon*. Heidelberg: Springer.

Pais, A. (1998). *Ich vertraue auf Intuition: Der andere Albert Einstein*. Heidelberg: Spektrum.

Pais, A. (2009). *Raffiniert ist der Herrgott ...: Albert Einstein. Eine wissenschaftliche Biographie*. Heidelberg: Spektrum.

Pauli, W. (1979). *Wolfgang Pauli, wissenschaftlicher Briefwechsel mit Bohr, Einstein, Heisenberg u. a., scientific correspondence with Bohr, Einstein, Heisenberg a. o: 1930–1939 / hrsg. von Karl von Meyenn unter Mitw. von Armin Hermann und Victor F. Weisskopf. Bd. 2*. Berlin: Springer.

Pauli, W. (1984). *Physik und Erkenntnistheorie.* Wiesbaden: Vieweg+Teubner.

Pauli, W. (2008). *Wissenschaftlicher Briefwechsel mit Bohr, Einstein, Heisenberg u. a.: Band 1: 1919–1929.* Berlin: Springer.

Pauli, W. (2016). *Fisica e conoscenza* (A. Sparzani, Ed.; I. Dennerlein, A. Gamba, & G. Perna, Trans.). Torino: Bollati Boringhieri.

Pauli, W., Enz, C. P., & von Meyenn, K. (1988). *Wolfgang Pauli: Das Gewissen der Physik.* Berlin: Springer.

Pirker, E., & Stellamor-Peskir, H. (1995). Das Rätsel um die erste klinische Röntgenaufnahme – Gelöst. *RöFo – Fortschritte Auf Dem Gebiet Der Röntgenstrahlen Und Der Bildgebenden Verfahren, 162* (05), 362–367. https://doi.org/10.1055/s-2007-1015901

Reiner. (2013, January 1). Hermann von Helmholtz / von Julius Reiner. Elektronische Ausgabe des 1. (biographischen) Teils erstellt von Gabriele Dörflinger. Retrieved August 22, 2023, from heiDOK website: https://archiv.ub.uni-heidelberg.de/volltextserver/14685/

Salvatore, G. (2017). Dialogphilosophie und Physik – Nur ein komplementäres Paar? In *Buber begegnen: Interdisziplinäre Zugänge zu Martin Bubers Dialogphilosophie.* Wuppertal: Arco.

Schrödinger, E. (1984). *Gesammelte Abhandlungen: Beiträge zur Quantentheorie.* Wien: Verlag der Österreichischen Akademie der Wissenschaften.

Schrödinger, E. (2006). *Mein Leben, meine Weltansicht: Die Autobiographie und das philosophische Testament.* München: DTV.

Schucking, E. L. (1999). Jordan, Pauli, Politics, Brecht ... and a variable gravitational constant. In *On Einstein's Path* (pp. 1–14). New York, NY: Springer New York. Retrieved from http://dx.doi.org/10.1007/978-1-4612-1422-9_1

Sporer-Heis, C. (1993). *Das alte Innsbruck.* Wien: Dachs.

Stadt Innsbruck. (2020, March 5). Innsbruck vor 100 Jahren – März 1920. Retrieved August 22, 2023, from Innsbruck Informiert website: https://www.ibkinfo.at/maerz1920

Stadt Innsbruck. (2021, February). Innsbruck vor 100 Jahren – Februar 1921. Retrieved August 22, 2023, from Innsbruck Informiert website: https://www.ibkinfo.at/februar-1921

Steinacher, G. (2014). Dolmetscher, Spione und Mörder: Südtiroler im Sicherheitsdienst des Reichsführers SS in Italien 1943–45. Retrieved August 22, 2023, from DigitalCommons@University of Nebraska – Lincoln website: https://digitalcommons.unl.edu/historyfacpub/193/

Straumann, N. (2001, November 16). Schroedinger's discovery of wave mechanics. Retrieved August 22, 2023, from unknown website: https://www.researchgate.net/publication/2186888_Schroedinger_discovery_of_wave_mechanics

Thirring, H. (1926). Relativitätstheorie. *Monatshefte Für Mathematik Und Physik, 34* (1), A30–A30. https://doi.org/10.1007/BF01694979

Wiener, N. (1964). *I Am a Mathematician: The later life of a prodigy.* Cambridge: MIT Press.

AUSGEWÄHLTE INTERNET-LINKS

Biographie von Ernest Rutherford, 1. Baron Rutherford of Nelson. Storytelling Teaching Model: http://science-story-telling.eu

Cap Ferdinand. Geschichte des Instituts (1868–1988). https://www.uibk.ac.at/th-physik/geschichte.html.de

Chemienobelpreis für drei Quantenforscher. https://science.orf.at/stories/3221515/

Curriculum Vitae Prof. Dr. P. Louis-Victor P. R. de Broglie. Nationale Akademie der Wissenschaften Leopoldina. https://www.leopoldina.org

Die „Attosekundenphysik" stösst die Tür in eine neue Welt auf. Bericht von Angelika Kren und Nicole Friedli. https://www.srf.ch/wissen/forschung-nobelpreise/nobelpreis-fuer-physik-2023-die-attosekunden physik-stoesst-die-tuer-in-eine-neue-welt-auf

Erwin Schrödinger im Brenner Archiv. https://www.uibk.ac.at/brenner-archiv/archiv/schroedinger.html

Hermann von Helmholtz: Vorträge und Reden. – Braunschweig: Vieweg, Band 1 4. Aufl. 1896. Signatur UB Heidelberg: O 400-1::1(4). http://www.ub.heidelberg.de/archiv/12486

Innsbruck vor 100 Jahren – Februar 1921. Aus dem Stadtarchiv von Angelika Kollmann-Rozin. https://www.ibkinfo.at/februar-1921

Innsbruck vor 100 Jahren – März 1920. Aus dem Stadtarchiv von Lukas Morscher. https://www.ibkinfo.at/maerz1920

Julius Reiner. Hermann von Helmholtz. Elektronische Ausgabe des 1. (biographischen) Teils, erstellt von Gabriele Dörflinger Universitätsbibliothek Heidelberg 2013. http://www.ub.uni-heidelberg.de/archiv/14685

NAMENSREGISTER

* Sterbe- und Geburtsdatum sind nicht sicher bekannt.

ÜBER DEN AUTOR

Salvatore Matteo Giacomuzzi, geb. 1965, studierte Physik, Pädagogik und Psychologie. Er ist Lehrender an verschiedenen Universitäten und Verfasser zahlreicher wissenschaftlicher Publikationen und Bücher. Zudem arbeitete er an internationalen Forschungs- und Wissenschaftsprojekten mit. Zur Wissenschaftsgeschichte, mit der sich Salvatore Matteo Giacomuzzi seit vielen Jahren beschäftigt, hat er bereits Arbeiten zum verschwundenen Physiker Ettore Majorana oder zu dem Röntgenpionier Gustav Kaiser verfasst. Insbesondere die Geschichte der österreichischen Physik um Albert Einstein hält noch immer einige Schätze bereit, welche gehoben werden wollen.